# PHYSIOLOGIE

DU

# SYSTÈME NERVEUX

# OUVRAGES DU MÊME AUTEUR

**Connaissance des Plantes les plus souveraines,** à la portée de tout le monde. 2ᵉ édit. 1 vol. in-12. Prix : 2 fr.

**Hygiène alimentaire.** Traité des aliments, leur effet et le choix que l'on doit en faire selon l'âge, le tempérament, la profession, la saison et l'état de convalescence. 5ᵉ édition. 1 vol. in-12. Prix : 2 fr.

**Le Génie de l'agriculture et de l'horticulture** du midi et du sud-ouest de la France ; guide pratique indispensable aux propriétaires, cultivateurs, horticulteurs et commerçants. 2ᵉ édition. 1 vol. in-12. Prix : 3 fr.

**Traité pratique de magnétisme humain,** résumé de tous les principes et procédés du magnétisme pour rétablir et développer les fonctions physiques et les facultés intellectuelles dans l'état de maladie. 2ᵉ édit. 1 vol. in-12. Prix : 5 fr.

**Physiognomonie,** art de connaître et de juger les mœurs et les caractères. 2ᵉ édit. Prix : 2 fr.

**Le Sensualisme moderne,** coup d'œil philosophique rétrospectif sur le xviiiᵉ et xixᵉ siècles. 1 v. in-12. Prix · 2 f.

# PHYSIOLOGIE

## DU

# SYSTÈME NERVEUX

Connaissance de la cause qui produit les perturbations physiques et morales dépendant du système nerveux

PAR

## Ferdinand ROUGET

Ancien élève en médecine, adjoint à divers médecins, auteur d'un Traité d'Hygiène alimentaire et d'un Traité des Plantes médicinales.

Prix : 3 francs

SE VEND PAR L'AUTEUR

—

1867

# PRÉFACE

L'homme est le seul être dans la création, dont l'empire des sens intérieurs et extérieurs est le plus étendu : l'intelligence humaine est un miroir, où viennent se peindre par une inconcevable puissance, les merveilles innombrables dont se compose l'univers; le brillant organe de la vue, celui de l'ouï, de l'odorat, etc., sont en quelque sorte les avenues de l'âme, qui est à chaque instant modifiée par la présence des corps qui l'environnent.

L'homme est le seul confident des secrets de la nature; car la brute ne porta jamais un œil curieux sur le dessein des œuvres de la création. Les animaux ne connaissent ni le mécanisme, ni le but, ni la cause finale des choses visibles : ils n'ont ni les organes appropriés à la culture des arts, ni l'intelligence qui dirige ces organes. Il est pourtant vrai que la plupart d'entre eux ont des sens plus fins et plus déliés

que ceux de l'homme ; mais l'homme a la
faculté de se les approprier ; il faut donc regarder comme une preuve de la supériorité de
l'homme sur les autres créatures, le privilége
qu'il a d'étendre à l'infini ses désirs et ses besoins, d'embellir sa vie, et d'accroître ainsi
ses jouissances.

L'homme est naturellement avide de tous les
phénomènes qui se passent en dehors de son esprit, il est à la poursuite de toutes les impressions :
ses pensées ne sauraient rester cachées dans son
sein ; il faut qu'il les exprime : il s'efforce à
chaque instant d'agrandir l'horizon de cette vie
extérieure qui fait ses délices, il y cherche
continuellement la force, la gloire, le bonheur ;
il a d'ailleurs le besoin d'être continuellement
affecté par les couleurs, par les sons, par les
odeurs, par les saveurs, quand ses organes se
trouvent dans les conditions requises pour ces
divers genres de perception. Rien n'est plus
pénible pour l'âme que l'inactivité des organes
des sens, et les mouvements qui s'effectuent
d'une manière trop lente sont d'un poids insupportable pour l'existence.

L'homme est le seul être vivant qui se recueille
par la réflexion, qui assiste pour ainsi dire aux
propres opérations de son entendement ; qui

voit couler ses pensées comme les flots de la mer ; qui se blâme ou s'approuve ; se condamne ou se loue ; qui affranchit lui-même ses idées de tout ce qui peut en entraver la marche ; qui creuse à chaque instant de nouveaux sentiers dans le domaine de l'intelligence ; qui garde et accumule en quelque sorte, les trésors de ces méditations.

Ce n'est qu'après avoir longtemps médité sur la grande énigme de l'existence, qu'on peut assigner au corps et à l'âme les fonctions qui leur appartiennent ; ce n'est qu'après une longue habitude de l'observation, qu'on parvient à approfondir les lois de la conscience, qui sont aussi naturelles, aussi inhérentes au système nerveux, que les impressions de la vue, de l'ouï, du goût et de l'odorat.

Pour bien apprécier tous les rôles du système nerveux chez l'homme, sachez le considérer dans toutes les conditions, dans tous les rangs, parmi tous les intérêts qui l'agitent, au milieu de toutes les contrariétés dont il est sans cesse l'objet. Sachez le suivre dans tous les combats qu'il livre à ses pareils ou à lui-même, apprenez à le voir tour à tour vainqueur ou esclave de ses sens, tantôt attiré par la sympathie, tantôt repoussé par la haine, tantôt épuré par ses ver-

tus, tantôt abruti par ses jouissances; dans l'état
de guerre ou dans la paix analysez avec discernement tout ce qui le trouble, tout ce qui le
rassure, tout ce qui l'afflige, tout ce qui le con-
sole.

C'est du reste dans leur ensemble qu'il importe d'étudier tous les effets du système nerveux; car, dans le travail de la pensée, toutes
les facultés de l'esprit et toutes les fonctions du
corps s'entre aident réciproquement; elles agissent toutes de concert pour le complément de
notre nature intellectuelle et physique; elles se
vivifient par leur réunion; elles ne sont rien si
on les isole. Que ferait la mémoire sans l'office
de la réflexion et des sens? C'est ainsi que dans
le corps humain les diverses fonctions se prê-
tent un secours mutuel. On peut aussi démon-
trer comment les émotions et les impressions
plus ou moins fortes du système nerveux
s'associent également dans un ordre digne d'ad-
miration et de pitié.

L'homme est mu manifestement par deux ordres de phénomènes : les premiers s'opèrent
par le ministère des sensations; les autres dé-
rivent du foyer de l'âme. Nous indiquerons dans
cet ouvrage quels sont les attributs des organes
de l'intelligence et des sens, qui s'appliquent à

toutes nos manières de penser et de sentir. Aucune étude ne nous paraît plus importante, que celles des fonctions et du jeu des organes du système nerveux.

Les affections nerveuses et les maladies de cerveau, abstraction faite des enveloppes, sont de la plus haute importance, et dont la cause invisible est généralement ignorée. Dans ces affections et ces maladies, aux yeux du médecin comme aux yeux du monde, c'est le malade qui, par son imagination, son caractère et ses passions, les détermine et les prolonge, au point qu'elles deviennent chroniques ou constitutionnelles : funeste erreur...! puisque tous les organes renfermés dans la pulpe encephalique peuvent être isolément ou plusieurs ensembles affectés par une cause morbifique et produire des effets qui ne se remarquent pas chez l'homme dont le cerveau est parfaitement sain. C'est encore une erreur de croire que parce que un homme aura la faculté de commander à son imagination, de cacher ses défauts et ses crimes volontaires il soit en bonne santé.

Tour-à-tour on a accusé comme cause de maladies tous les liquides et tous les solides de l'organisme, comme si le sujet de la maladie pouvait en être la cause principe.

On a encore cherché l'essence de la maladie dans l'irritation, mais tout en s'étonnant qu'une irritation faible pût déterminer quelquefois une inflammation violente, parce qu'on ne sait pas non plus ce que c'est que l'irritation ou plutôt sa cause. D'autres ont cru voir le principe des maladies dans ses effets, c'est-à-dire dans les altérations organiques, dans les matières morbides. On pourrait ajouter beaucoup à ces différentes manières de voir, qui ne prouvent qu'une chose : c'est que la cause des maladies est très peu connue.

Livrés depuis vingt années à l'étude de la physiologie par rapport à la pathologie, nous avons été à même de reconnaître, dans nos expériences thérapeutiques, faites sur un grand nombre de malades atteints d'affections nerveuses, que les perturbations morales et physiques dépendant du système nerveux, étaient produites par un *fluide morbifique*, dont la nature et les effets variés seront démontrés dans cet ouvrage, afin que l'on puisse dans toutes les circonstances de la vie, éviter la cause ignorée de ces affections et de ces maladies si funestes.

Nous avons fait tous nos efforts pour nous exprimer dans le langage le plus clair et de manière à être compris par toutes les intelligences.

# CHAPITRE PREMIER.

## L'âme, le principe vital et le corps.

L'être humain se compose de l'âme, du principe vital et du corps. L'âme a pour attributs les facultés morales. Son siége est dans le cerveau, d'où elle exerce son empire sur le corps par la voie des ramifications nerveuses qui se rendent dans toutes les parties du corps. Ces ramifications innombrables partent de plusieurs troncs communs, soit du cerveau, soit de la colonne vertébrale, vraie dépendance prolongée du cerveau : elles ont reçu le nom de nerfs, et sont comme les fils télégraphiques, chargées de transmettre les ordres de l'âme ou de lui envoyer les sensations reçues de l'extérieur par l'organe des sens. Ces troncs nerveux remplissent chacun, deux par deux et en double, l'un pour le côté droit, l'autre pour le coté gauche du corps, des fonctions spéciales émanant de l'âme.

La matière superfine, cérébrale ou pulpe médullaire, est organisée pour le service de la mémoire, de l'ordre, du jugement et des autres facultés divines de l'âme.

Le principe vital est l'agent général de l'âme et le mobile de la manifestation intelligente de l'action organique, la force réglementée qui donne le mouvement et la vie au corps.

Le système nerveux ganglionnaire ou le grand sympathique est le centre et le fil conducteur de l'inuervation nutritive, dispensateur des forces végétatives, près des organes de la vie interne, enfin administrateur vigilant, à notre insu, de toutes les fonctions organiques non soumises à notre volonté ; il remplit harmonieusement sa mission s'il n'est pas entravé par la violence des éléments contraires, par l'incohérence de la vie extérieure et par nos passions. C'est cette même intelligence interne qui combat sans relâche ces éléments contraires, quand on voit la nature lutter contre le mal ; c'est elle qui nous guérit par le rétablissement de l'harmonie du corps, un moment troublé par le mauvais lieu où nous vivons.

La science classique, exclusivement guidée par la seule raison faillible de la vie extérieure, se trouve dans une trop grande infériorité relative pour ne pas devoir s'incliner devant l'infaillibilité de la nature, et se constituer humblement son auxiliaire et non sa rivale.

Le grand sympathique est l'appareil nerveux à l'usage exclusif de la vie nutritive ou de végétation, de même que le cerveau avec ses ramifications nerveuses est à l'usage des cinq sens pour tous les services de la vie de relation.

Le grand sympathique est constitué par une chaîne de petits corps nerveux ou ganglions, placés sur les côtés de la colonne vertébrale : de ces ganglions partent des filets nerveux et des plexus, qui se rendent aux viscères de la vie de nutrition, aux poumons, au cœur, au canal intestinal, au foie, aux reins, etc., tous organes placés sous sa direction sans le concours de la volonté humaine.

L'un des plexus les plus importants du système nerveux ganglionnaire est le plexus solaire, préposé au service et voisin de l'estomac, et en communications nombreuses et directes avec les poumons par des voies spéciales. Il puise continuellement dans l'athmosphère, par l'acte de la respiration le fluide électrique et la chaleur nécessaire à la digestion des aliments. C'est du plexus solaire que l'estomac reçoit ainsi l'innervation indispensable à ses laborieuses fonctions. Là ne se borne pas le rôle du grand sympathique ; à l'aide de ses autres plexus spéciaux, qui sont comme ses annexes près chaque organe, il met en mouvement les battements du cœur, dont il est bien la force motrice ; il exécute la sécrétion des glandes, l'exhalation de la peau, des muqueuses ; il met en jeu toutes les actions organiques.

La nutrition est l'opération complexe par laquelle les aliments arrivés à l'état sanguin, sont repris comme matière première par un travail invisible et intelligent pour les transformer en chair, en os, en graises, en humeurs, en ligaments, etc., et, à ce titre les faire entrer comme parties constituantes dans les organes et le concert de la vie. Les centres du travail nutritif auxquels nous donnerons le nom d'orbicules, sont si nombreux qu'ils sont incalculables, et si petits qu'ils échappent à nos sens par leurs proportions infiniment réduites.

L'organisation de la circulation sanguine artérielle, a des ramifications infinies s'étendant du cœur à toutes les directions du corps ; à l'extrémité de chaque ramuscule ou artériole se trouve une vésicule ou mieux orbicule, et dans cette orbicule des globules animés. Là sont les centres innombrables de l'élaboration nutritive.

La partie matérielle du corps humain est alimentée par l'estomac avec des substances de même nature , c'est-à-dire matérielles, qui subissent diverses transformations.

Le principe vital est alimenté, par les poumons avec les éléments vitaux, impalpables et invisibles puisés dans l'air. Les poumons sont l'estomac du principe vital. C'est dans l'acte de la respiration, en effet, qu'il puise la chaleur, l'électricité vivante et d'autres fluides plus subtils qui deviennent les auxiliaires de l'âme dans ces fonctions

2

divines : comme la mémoire, la pensée, l'intelligence, le jugement, etc.

Chaque aspiration de la poitrine est suivie d'une émission d'air atmosphérique dans la tranchée artère, tronc commun des conduits aériens, divisé dans sa partie inférieure en deux branches qui ont reçu le nom de bronches, et qui se rendent chacune dans l'un des poumons où elles se divisent et se subdivisent à l'infini. L'air du dehors arrivant chaud ou froid, sec ou humide, pur ou mélangé de miasmes, dans les bronches, pour se rendre dans toutes leurs ramifications devient la cause fréquente de nombreuses perturbations dans l'économie. L'air pur aspiré parti de l'atmosphère, grand réservoir de vie, d'intelligence, alimente toutes les digestions supérieures de l'homme ; de telle sorte qu'on peut dire que l'air est le pain nourrissant du principe vital.

L'anatomie du corps humain nous fait connaître l'existence d'un centre dans la tête, vers lequel se rendent des nerfs qui rapportent au cerveau les sensations reçues du dehors au moyen des appareils qu'on nomme organes des sens, qui sont les yeux pour la vue, les oreilles pour l'ouïe, le nez pour l'odorat, le palais et ses accessoires, pour le goût ; enfin, les nerfs du toucher, situés au bout des doigts, et ceux de la sensibilité répandus dans un grand nombre de points du corps. Ces nerfs ont leur point de départ dans ces instruments de physique naturelle, et communiquent dans la pulpe cérébrale chargée de percevoir leurs rapports et de les communiquer à l'âme, ou aux nerfs chargés d'élaborer ces rapports. De ce centre partent des masses cérébrales destinées à des fonctions diverses, dont les unes sont peu développées et les autres plus allongées, retenues dans des enveloppes et se joignent aux muscles auxquels elles portent, au moyen de petits nerfs qui ressemblent à des fils, la volonté de mouvement.

En voyant cette disposition du système nerveux par l'intermédiaire duquel l'homme reçoit les rapports des sens, et par lequel il commande à toutes les parties de son corps, il est impossible de ne pas comprendre que, dans ce point central, se trouve l'âme, quoiqu'on ne la voit pas plus que ce qui est invisible.

En remarquant la même nature dans la matière médullaire de toutes les parties du système nerveux destinées à des fonctions si diverses, on ne peut s'empêcher de reconnaître que ces fonctions sont simplement celles d'interprètes, soit que cette matière se rende des organes des sens à l'âme, soit qu'elle parte de l'âme pour se rendre aux muscles.

L'âme est, par rapport à la pulpe nerveuse, comme l'artiste placé devant le clavier d'un instrument à cordes, en face d'une musique écrite, ou comme le général placé sous sa tente au milieu de son camp, maîtresse d'ordonner l'action ou le repos, l'âme est obéie, si la pulpe est saine; si les sens font naître une pensée, sa volonté suffit pour la chasser.

L'homme sain du cerveau commande à ses pensées comme aux autres actions; l'homme qui ne le peut est malade du cerveau ou du cervelet quoiqu'il n'en ait pas connaissance, et lorsque la maladie affecte les organes qui entendent le langage de l'âme et lui obéissent ordinairement, ou si la maladie affecte d'autres organes comme la paralysie, il exprime son mal en disant : c'est plus fort que moi.

La pulpe médullaire est l'interprète des organes des sens à l'âme, et de l'âme aux muscles et aux autres moyens d'action. Malgré la nature semblable en apparence de la pulpe médullaire, il est impossible de ne pas comprendre que chaque partie de cette masse exerce une faculté qui ne peut être remplacée par aucune des autres. Ainsi un organe de l'intelligence ne peut suppléer un organe des sentiments qui serait malade ; il y a donc, sans qu'il y paraisse, autant de divisions dans cette pulpe qu'il y a d'organes , et autant d'organes qu'il y a de facultés.

Les facultés morales et intellectuelles de l'homme sont connues comme celles du mouvement, mais les organes sont moins distincts encore que leurs facultés et leurs nuances ; il est néanmoins bien sûr que ces organes existent dans un certain ordre, et quoique l'œil ne puisse les suivre, on a pu cependant déterminer leur place par l'autopsie et par la reconnaissance du même point physiquement malade, chez plusieurs sujets affectés moralement de la même manière.

Les rapports si nombreux et si fréquents entre tous les organes encéphaliques font comprendre la nécessité d'un si grand nombre de points de contact, si multipliés, qu'on croirait que la pulpe nerveuse n'est qu'une masse homogène. Tous les organes encéphaliques sont pairs ou doubles, et il faut considérer l'encéphale comme composé de deux parties parfaitement semblables, qu'on nomme lobes. On pourrait dire qu'il y a deux cerveaux comme il y a deux yeux, deux oreilles, etc., chacun de ces lobes est partagé en cinq divisions.

La première est celle des organes de l'intelligence qui se trouvent groupés en avant de la tête sous l'os frontal ; ces organes bien sains donnent à l'homme en bonne santé la plénitude et la jouissance de leurs facultés ; l'exercice de ces facultés les développent ; ces organes pairs perçoivent également les rapports des nerfs des sens, ils les comprennent, les retiennent, les élaborent ; l'instruction est leur nourriture et le motif de leurs travaux. Lorsque ces organes sont sains, l'homme perçoit et comprend avec plaisir, avec un certain bonheur, ce qu'il reçoit des organes des sens ; toutes ces perceptions sont

exactes et agréables, il les rend, il les communique, il les
fait partager facilement et aisément,

L'homme sain des deux lobes de la première division du
système nerveux, quoique sans instruction a du bon sens,
un jugement sain, de l'ordre, de la mémoire, un coup
d'œil juste ; l'élaboration de la pensée intelligente se fait
admirablement et avec une véritable jouissance, comme
toutes les fonctions des organes de cette section. L'enfant
bien portant de ces organes a un véritable appétit pour
apprendre ; lorsqu'il cesse de demander : « *Qu'est-ce que
c'est que cela,* » il faut se dire que les organes de l'intelligence sont malades ; il n'a plus d'appétit pour s'instruire ; et comme les autres organes du corps sont malades, on ne les fait pas travailler, il faut agir de même à
l'égard de ceux de l'intelligence ; il faut d'abord les mettre
à la diète et s'occuper de les guérir.

La deuxième division est la réunion des organes au
moyen desquels l'homme se met en rapport avec ses supérieurs, avec lui-même, avec ses égaux et avec ses inférieurs ; ce sont les organes de la moralité ou des devoirs
de l'homme.

Ces organes pairs, comme les autres, sont groupés
sous les os pariétaux ; lorsqu'ils sont sains, l'homme est
bon ; il a besoin de connaître Dieu ; il le cherche, il le
trouve dans ses ouvrages, il l'admire, et ne peut s'empêcher de l'aimer et de l'adorer ; tout ce qui le lui rappelle
a pour lui des charmes. Il chérit son père et sa mère ; il a
pour ses maîtres et pour ses chefs l'amour, la vénération,
le respect et les égards qu'on doit à ceux de qui l'on dépend ; il a le libre arbitre, la fermeté de caractère, il s'es-
time lui-même ; il honore son corps, il le protége ; il fait
grand cas de l'honneur ; il aime sa patrie, le toit paternel,
sa famille ; il chérit ses enfants, protége paternellement
ses inférieurs et jusqu'aux animaux même qui servent à
l'homme et sont créés pour lui ; il travaille avec calme,

plein de confiance en la Providence ; il est consciencieux, bon ami ; s'il prend une compagne, c'est pour devenir père de famille ; il est circonspect ; il défend son pays et sa famille dans la nécessité ; il sait garder un secret, enfin il est patient et modeste.

Par l'éducation, c'est-à-dire par la culture de ces organes de la moralité ou des sentiments du cœur, lorsqu'ils sont sains, l'homme apprend avec bonheur à connaître ses devoirs, c'est une vraie jouissance pour lui de les remplir ; ces organes de la moralité bien exercés, bien cultivés, caractérisent l'homme vertueux, l'homme créé à l'image de Dieu. Cette section aussi se trouve surrexcitée par l'affection de celle de l'intelligence.

Mais un défaut d'éducation, ou l'abandon volontaire des principes de l'éducation la mieux entendue, la plus solide, fait de l'homme en bonne santé de ces organes du cerveau, favorisé de la fortune et qui veut satisfaire ses sens, un égoïste, n'écoutant que les plaisirs des sens ; il voudrait ignorer l'existence de Dieu, par conséquent tout ce qui le lui rappelle, tout ce qui lui parle morale lui déplait ; il a soin de se cacher pour mal faire ; il aime ses père et mère dans la mesure qui doit servir d'exemple à ses enfants ; il a des amis par spéculation, une femme par égoïsme ou par calcul, des enfants par maladresse ; exact à payer ses obligations pécuniaires pour se faire un réputation de probité qui lui servira à devenir plus riche, il n'attache pas la même obligation au mariage ; s'il aime ses enfants, c'est qu'il les regarde comme son ouvrage, il les montre comme on se complait à faire voir un produit qui a coûté de l'argent, du travail et de la peine.

Cet homme qui cherche à satisfaire les plaisirs des sens, dans lesquels il croit trouver le vrai bonheur, ne pense qu'à augmenter sa fortune ; il spécule de toute manière, sans s'apercevoir que la soif de l'or le conduit souvent jusqu'à devenir injuste et criminel.

Rarement repris de justice, parce qu'il est sain de la première section ; s'il devient coupable il sait se cacher ; il emprunte le manteau de la religion, de l'amitié, de la bienfaisance ; c'est aux yeux du monde un honnête homme, un homme comme il faut ; la considération dont il jouit se pèse et se mesure.

L'homme riche, qui dans la haute société se livre aux plaisirs des sens, cherche dans les ouvrages d'esprit et immoraux une philosophie qui excuse ses désordres. L'auteur qui vient à son secours est un grand homme ; ce grand homme est un malade dangereux, car sa maladie nerveuse est contagieuse.

La troisième division renferme les nerfs des organes des sens : ces nerfs sont pairs comme les organes dont ils sont les interprètes ; ils se rendent de ces organes au cerveau et sont très visibles à sa base ; ce sont les rapporteurs de ce que l'homme a vu, entendu, flairé, goûté, touché, senti, au moyen de l'expansion nerveuse qui existe dans les appareils de la vision, de l'audition et des autres sens ; leurs rapports sont reçus, compris, perçus et élaborés en présence de l'âme par les organes des autres sections ; leurs fonctions, comme on le voit, s'exercent de dehors en dedans ; lorsque la pulpe des nerfs de cette section est saine, les sensations sont vraies et les rapports sont exacts.

La quatrième division est celle d'exécution : elle comprend le cervelet, l'origine des nerfs, des mouvements volontaires et des mouvements de la vie organique.

La place que le cervelet occupe dans l'encéphale, ses rapports directs avec les organes de l'intelligence et ceux des sentiments, comme aussi sa place dominante sur les nerfs du mouvement volontaire et ceux de la vie organique, qui ne sont aussi que des nerfs du mouvement, prouvent évidemment que le cervelet, qui est pair comme le cerveau, dirige les mouvements, les coordonne ; mais les uns reçoivent l'ordre direct de l'âme, comme les nerfs du mouvement de la vie volontaire ou animale, et les autres ou ceux de la vie organique, unis par tant de points à ceux de la volonté directe, obéissent à ceux-ci ou plutôt à un mouvement volontaire.

L'ordre de l'âme est le résultat d'un jugement formé et d'une décision prise après avoir reçu les rapports des organes des sens ; en l'absence de l'instruction et de l'éducation, c'est le bon sens, les bons sentiments innés et sains qui parlent ; cet ordre est venu de l'âme à travers les organes du cerveau, qui l'ont reçu d'elle et élaboré en sa présence, et par elle, avant d'arriver au cervelet, par le grand sympathique.

Les nerfs ou les organes de la première et de la deuxième division sont les intermédiaires entre les organes des sens et l'âme ; il sont encore les intermédiaires entre l'âme et les nerfs d'action et de mouvement, de sorte que le jugement que l'âme porte et les actions doivent être singulièrement influencés par l'état de maladie de ces organes.

Le système nerveux de la vie volontaire porte le mouvement aux fibres musculaires des organes de la vie organique ; cet ordre est la conséquence d'un avertissement donné par l'exécution d'un mouvement volontaire ; ainsi, les mouvements de l'appareil de la digestion sont la conséquence de l'avertissement donné par les mouvements volontaires de la mastication et de l'intus-susception. Les mouvements du cœur sont involontaires, ils sont la conséquence des mouvements forcément volontaires de la respiration.

Les organes de la respiration, de la circulation, de la digestion, de l'hémathose, en un mot, reçoivent, par les nerfs des influences du cerveau, comme le cerveau en reçoit de ces organes. Les organes de la génération reçoivent des influences des nerfs de la vie animale et de la vie organique, ils entrent en fonctions par un acte de la volonté sur la partie de la pulpe qui se trouve dans le lobe médian du cervelet ; dans certains cas l'action de ces organes résulte d'un mouvement organique déterminé par les nerfs dépendants de cette partie de la pulpe et correspondant à ces organes.

La pulpe médullaire cesse d'être l'interprète de l'âme lorsqu'une cause morbifique s'interpose complètement entre l'âme et la pulpe médullaire ; cet état de maladie constitue la démence. La présence de la cause morbifique sur les tissus de la pulpe cérébrale produit des maladies nombreuses qui sont toutes sans douleurs. Néanmoins, on peut remarquer que lorsque le fluide morbifique qui est la cause de ces perturbations existe sur une section de la pulpe médullaire, celle du voisinage s'en trouve surexcitée, cela paraît dans ses fonctions. Ainsi, un homme immoral, par maladie, a souvent beaucoup d'esprit, et un idiot peut avoir des sentiments moraux des plus exquis, toujours à cause de l'affection des organes voisins.

Dans les névroses ou affections nerveuses sans complication, le pouls est toujours faible aux deux artères radiales ; il est plus ou moins faible, selon le degré d'intensité du fluide morbifique. Il est faible des deux côtés si le fluide morbifique agit sur les deux lobes du cerveau ; si le fluide n'occupe qu'un lobe ou seulement une partie d'un lobe, le pouls est faible seulement du côté opposé au lobe malade du cerveau, à cause du croisement des nerfs. Lorsque le fluide morbifique existe sur l'origine du prolongement rachidien ou sur une partie de son étendue, le pouls est faible, concentré, frappant comme un petit marteau. On observe ce type aux deux poignets, si la cause s'exerce sur les organes pairs ; ou on ne le remarque que sur un seul, si le fluide s'exerce d'un seul côté et toujours du côté opposé. Dans la névrose aiguë, le malade ne dort pas, son facies est composé ; les yeux ont un aspect tout particulier, souvent ils sont enfoncés, quelquefois ils ne sont pas d'accord, d'autrefois ils sont saillants ; chez les uns ils sont chatoyants, chez d'autres on trouve le regard interrogatif, etc. Quelques malades sont sérieux et d'autres sourient continuellement ; le facies est toujours en rapport avec la situation maladive de l'organe encéphalique, dont les fonctions ne peuvent se faire si on ne parvient pas à faire disparaître la cause morbifique.

Un enfant peut avoir ses organes encéphaliques affectés par une cause morbifique dans le sein même de sa mère, et celle-ci peut mettre au monde un malade avec des dispositions criminelles : selon que la cause morbifique se sera fixée sur telle ou telle partie de la pulpe médullaire ; ce peut être un paricide, si la cause morbifique est placée dans son cerveau de manière à en faire un monstre. Dans cette disposition, il déchirera avec ses ongles le sein de sa mère, il mordra le sein qui le nourrit, il sera méchant envers elle ; il feindra de pleurer. Si des circonstances heureuses ou fortuites ne le guérissent pas, le mal continuera, et ce malheureux restera méchant toute sa vie ; tel soin qu'on ait pris de son éducation; tandis que, si l'on avait su le guérir, on aurait evité les graves conséquences de cette affreuse disposition.

La même cause sévissant sur deux enfants, dans les mêmes conditions, sur des places différentes du cerveau, le premier se plaint ; il y a chez lui des symptômes visibles, on lui prodigue tous les soins nécessaires. Le deuxième ne se plaint pas, aucun symptôme apparent ne fait supposer qu'il est malade, il a le caractère changé, il travaille difficilement ; on le punit, il est cependant affecté sur la pulpe médullaire par la même cause de maladie que le premier ; sa situation exige les mêmes soins.

Quelques succès, obtenus par la punition avec des verges sur le fesses, ont fait croire que les enfants étaient volontairement méchants, parce que, par ce moyen, on obtenait d'eux ce qu'on n'avait pu obtenir par la morale. Mais qu'a-t-on fait de plus que ce que font les moyens irritants ou les dérivatifs appliqués sur un point éloigné du point malade ? On n'a rien fait de plus que ce qu'auraient fait les cataplasmes sinapisés sur les mollets, on a été seulement injuste et cruel ; les enfants le savent, car ils ont le sentiment des efforts qu'ils font sans pouvoir réussir à faire ce qu'on leur impose ; le souvenir de l'ignominie attaché à la punition qu'on leur a infligée est un irritant pour leur cerveau, et l'enfant déteste son maître qui ignore qu'on puisse être méchant et avoir tous les défauts possibles par maladie.

Les organes encéphaliques ont cela de remarquable :

Dans l'état normal, ils obéissent tous à l'âme ; dans l'état de maladie ou de démence, ils agissent tout-à-fait en sens inverse. Ainsi, les nerfs du mouvement, lorsque la cause morbifique les obsède, deviennent ceux du repos, il y a paralysie. Les nerfs optiques dans le même cas sont impuissants pour communiquer leur rapport, il y a cécité par paralysie. Les nerfs de l'ouïe dans les mêmes conditions, il y a surdité. Si ceux de l'intelligence deviennent tous le siége de la cause morbifique, il y a idiotisme. Lorsque l'organe d'une faculté de la première ou de la seconde division se trouve affecté par une cause morbifique dans un lobe seulement, et que l'organe pareil reste sain dans l'autre lobe, il y a passion. Lorsque deux organes pairs d'une même faculté se trouvent affectés simultanément par métastase de la cause morbifique, il y a monomanie, démence. Dans l'état de passion le pouls est faible d'un côté seulement. Dans l'état de monomanie, il est faible des deux côtés, sur les deux poignets, si la cause morbifique existe sur un côté seulement de la deuxième division de la moralité, ce côté est immoral, mais l'autre est moral. Si la même cause existe d'un seul côté sur la troisième division qui est celle des organes des sens, l'homme est privé de la faculté de l'organe de ce côté par paralysie du nerf. Si la cause morbifique existe sur un côté seulement des nerfs du mouvement de la quatrième division, il y a paralysie de la moitié du corps du côté opposé, si la cause existe sur les nerfs de tout mouvement volontaire, il y aura paralysie, quelque soit le nerf de mouvement affecté ; il en résulte toujours la paresse ou la paralysie de l'organe auquel le nerf affecté se rend. Si son action s'étend aux nerfs du mouvement de la vie organique, il y a paralysie de ses organes; si elle se porte sur la partie de cette section qui préside aux fonctions de la génération, les fibres musculaires de ces organes se détendent; il y a paralysie dans tel ou tel point chez l'homme comme chez la femme, impuissance chez l'homme, stérilité chez la femme.

Il est rare que l'affection d'un organe ne se double pas, c'est-à-dire que l'organe pair ne devienne pas malade par métastase ou par sympathie, surtout lorsque le malade se complaît à penser continuellement à ce qui fait l'objet de son affection.

Lorsque la cause morbifique se métastase sur les organes du corps riche en vaisseaux sanguins, le type du pouls change, et, quoique l'affection dominante soit nerveuse, le pouls peut se trouver développé lorsqu'on observe pour la première fois le malade ; car, on ne doit pas oublier que la cause de l'affection cérébrale peut se porter tout-à-coup sur plusieurs points du cerveau, produire des symptômes effrayants et s'éloigner aussi vite qu'elle était venue, sans avoir fait éprouver au malade la moindre douleur dans la tête; dans ce cas, le pouls est faible ou insensible. Si le malade se plaint d'une douleur excessive et continuelle, c'est que, par métastase la cause morbifique s'exerce sur la membrane séreuse, l'une des enveloppes du cerveau ; dans ce cas, le pouls est souvent insidieux, composé, faible, gros ou plein, comme dans beaucoup de maladies du cervelet et des organes voisins pourvus de vaisseaux sanguins. Si le malade éprouve un resserrement, une compression d'une tempe à l'autre, si les yeux sont comme rentrés, c'est que la cause morbifique s'exerce sur la dure-mère, membrane pourvue de fibres musculaires qui se contractent. La douleur est bien moindre que dans les affections de la séreuse. Le pouls est composé.

Si la cause morbifique s'exerce sur la membrane pie-mère qui soutient les vaisseaux nourriciers et pénètre avec eux dans le cerveau, il peut y avoir engorgement ; il peut se former des tubercules si les vaisseaux qui parcourent cette membrane s'obstruent par l'action de la cause morbifique. Le pouls est composé, faible en général. La même cause morbifique détermine encore une douleur de tête qu'il ne faut pas confondre avec la méningite qui a son siége sur une ou plusieurs des membranes qui enveloppent le cerveau ; c'est la douleur dite sympathique de l'hémicranie qui a son siége au pylore et qu'en se métastasant vers la tête fait cesser l'hémicranie, douleur qui affecte la moitié de la tête. La douleur dite sympathique de l'hémicranie n'est pas fixe ; elle disparaît souvent dans la même journée, dans la même heure, comme une vapeur, pour revenir de même très intense. Il semble quelquefois, lorsque le malade fait un mouvement, qu'un corps sphérique ou même de l'eau remue dans sa tête.

L'expérience et l'observation nous apprend que la cause morbifique qui détermine les perturbations que nous venons de signaler, est un fluide morbifère qui se dégage d'un air vicié, des miasmes, du froid humide, d'une habitation malsaine, etc. L'influence perturbatrice de ce fluide est d'abord insensible et n'exerce aucun effet apparent sur le corps ; on peut même rester des années sous cette influence sans être précisément malade ; mais on a alors ce qu'on appelle une mauvaise santé ou la prédisposition à la maladie, dont on porte le germe en soi, à son insu, et qui n'attend que l'occasion d'éclore pour passer à l'état de maladie déclarée. La génération des maladies est un fait complexe, toujours long, quand elle n'a pas lieu par la reproduction des espèces morbifiques. Tout trouble primitif survenu dans l'économie vient nécessairement d'une influence extérieure à l'être vivant : chaud, froid, privations, surcharge de nourriture, affections morales, etc.

Ce trouble primitif est seulement virtuel, c'est-à-dire qu'il a lieu dans les fluides vitaux sans produire des troubles dans l'économie. C'est seulement quand la vie réagit contre les agents destructeurs de l'organisme pour se protéger, que la maladie commence à apparaître dans ces manifestations physiques ou morales, lesquelles ne sont que les formes de la réaction, ou les produits matériels du travail morbide qui déterminent des états particuliers de la maladie dont nous allons faire connaître la cause.

# CHAPITRE II.

## Cause des maladies simples et composées.

L'homme est constitué pour vivre en relation avec ses semblables et avec tous les êtres qui l'environnent. On n'a pas besoin du scalpel pour suffisamment connaître tous les organes nécessaires qu'il a reçus à cet effet, et pour pénétrer avec discernement la cause des perturbations physiques et morales dont ces mêmes organes sont susceptibles de devenir des canaux d'introduction dans l'organisme, sous l'empire des influences extérieures. Il suffit pour les connaître de nommer les yeux, qui perçoivent la lumière les oreilles, qui entendent les sons; le nez, qui sent les odeurs ; le palais, qui goûte les aliments ; les organes du tact qui avertissent de la présence des corps ; Les poumons, qui aspirent et expirent sans cesse l'air atmosphérique, source de vie et de chaleur. Le cœur qui donne dans toutes les parties du corps l'impulsion du travail qui entretient la vie. L'estomac qui reçoit les aliments entrant en fusion, chauffés par le foyer incandescent du plexus solaire ; les aliments en fusion sont élaborés par d'autres organes qui les transforment en principes destinés à l'entretien et au renouvellement du sang ; d'autres organes reprennent et travaillent le sang de l'artère et en tissent les muscles et les ligaments ; d'autres en extraient la matière propre à former les os ; d'autres confectionnent les humeurs secondaires et exécutent le travail des éliminations en évacuant les éléments excrémentiels du corps, etc., etc.

Les fonctions dévolues au tissu cutané ou à la peau sont d'une grande importance considérée dans son ensemble extérieur comme enveloppe protectrice du corps, soit dans plusieurs de ses parties rentrantes, où elle sert de parois aux cavités naturelles comme dans la bouche, les yeux, les oreilles, le nez, etc. L'exhalation de la sueur dans le premier cas, la sécrétion des mucosités dans le second, et leur absortion par les capillaires lymphatiques, sont des fonctions dont le dérrangement, si souvent occasionné par les influences extérieures, qu'il importe de connaître la nature de ces influence : causes médiates ou immédiates de maladie.

La respiration, fonction indispensable à la vie, ne consiste pas seulement à aspirer et à expirer, elle consiste encore dans un travail vraiment chimique qui a lieu dans les poumons. Lorsque l'homme aspire, tous les principes contenus dans l'air pénétrent dans les voies aériennes de sa poitrine pour fournir au sang des propriétés que celui-ci de son côté vient y puiser ! Ces principes contenus dans l'air sont : l'oxygène, l'azote, l'acide carbonique dans des proportions déterminées ; le calorique qui tient ces corps à l'état de gaz, de vapeur d'eau et de fluide électrique, dans des proportions variables.

L'homme expirerait l'air tel qu'il l'aspire, sans cette opération chimique, dans laquelle il y a obsorption de gaz et par conséquent dégagement de calorique en faveur du sang par l'action du fluide électrique qui l'accompagne partout, et sans la présence duquel toutes les opérations de la vie organique, telles que la respiration, la circula -

tion , l'assimilation , etc. , ne pourraient être comprises.

L'air aspiré par les poumons en sort après avoir communiqué au sang ses principes par l'expiration avec la vapeur abondante qui s'est formé aux dépens de l'hydrogène carboné du sang, et dans cette vapeur se trouvent l'acide carbonique, le fluide électrique et le calorique superflus.

Le fluide électrique de l'air aspiré, indispensable aux fonctions de la vie, aux analyses et aux synthèses continuelles qui ont lieu dans l'organisme, s'y trouve retenu dans des proportions qui sont en rapport avec ses besoins. La quantité d'air absorbé par les poumons dépend non-seulement du nombre des aspirations, mais encore de la température et de sa densité. L'air froid contient plus d'oxigène que l'air chaud ; c'est pourquoi on respire plus d'oxigène en hiver qu'en été, plus dans les pays froids que dans les pays chauds. En hiver et dans les contrées froides, la quantité d'acide carbonique chassée du poumon est plus considérable qu'en été, d'où il résulte qu'on mange plus par un temps froid que par un temps chaud, que l'appétit est plus développé en hiver qu'en été : cela dépend absolument de la déperdition du carbone du sang : plus une personne respire activement, plus elle mange ; au contraire, moins sa respiration est active, moins elle consomme d'aliments.

Le fluide électrique répandu dans l'air pénètre le corps par d'autres voies que par la bouche ; il le pénètre aussi par la peau, et, tant qu'il ne dépasse pas les proportions qui établissent l'équilibre avec celles du fluide entré par la bouche, il n'a pas d'action nuisible , mais dans certaines circonstances, il le pénètre sans mesure et cause des perturbations plus ou moins graves.

Les éléments les plus simples de la physique nous apprennent que là où se trouve de l'eau, de la vapeur, de la sueur, de l'humidité et du fluide électrique, les premiers

absorbent le second (l'électricité). Ainsi, lorsque la surface
du corps est humide de sueur ou de pluie, le fluide électrique de l'air entre dans cette humidité, que l'air soit sec ou
qu'il soit humide, car l'air humide est quelquefois plus
chargé d'électricité que l'air sec : surtout lorsque le vent
venant de l'est, du nord ou du nord-est, est très-
fort.

Les expériences de physique démontrent, que les corps
les plus chauds enlèvent aux corps froids ; c'est pourquoi
la surface du corps humain, plus chaud que l'air qui l'enveloppe, attire ce fluide, qui glisse sur la peau sèche
comme sur tous les autres corps non-conducteurs , et
n'attend qu'un introducteur humide pour la pénétrer et se
porter plus en avant ou plus de chaleur l'attire encore.
Si, lorsque le corps se trouve chargé de ce fluide accumulé à sa suface, par les vents d'est, du nord ou du nord-
est forts ou par tout autre moyen, si on place de l'eau sur
un point de la peau, rendue imperméable par un corps
gras, cette eau absorbera le fluide électrique, se volatilisera avec lui et par lui, sans autre conséquence, parceque
l'huile ou la graisse qui couvre et enduit la peau la rend
imperméable à l'eau. Mais si la peau n'est pas garantie, si
l'eau ou la sueur la mouille et la pénétre, le fluide électrique entrera dans l'organisme au moyen de cette humidité
qui lui servira d'introduction, il la volatilisera en partie,
et cet effet ne pouvant avoir lieu sans enlever du calorique du point sur lequel il s'opère, le sujet pourra par le
froid plus ou moins fort qu'il éprouva, mesurer d'avance
par la pensée, l'intensité du fluide électrique entré chez
lui par la peau.

L'homme peut facilement rendre à l'air, le fluide électrique surperflu qui l'a pénétré avant que ce fluide soit
devenu morbifique, et qu'il n'a pas pénétré profondément
l'organisme · il lui suffit s'il a ces mouvements libres de
faire assez d'exercice pour transpirer, le fluide électrique

sortira de son corps par les voies par lesquelles il était
entré, c'est-à-dire par la sueur, que sa présence d'ailleurs
facilite ; il est évident qu'il lui faut éviter soigneusement
le refroissement de cette sueur, puisque ce serait l'intro
duction d'une nouvelle quantité d'électricité. Si les mouvements lui sont interdits par la douleur, le malade reste
au lit, on appelle le médecin expérimenté qui chasse le
fluide en partie par des moyens convenables et le ramène
à sa quantité naturelle ou seulement le déplace. La guérison s'achève dans ce dernier cas par l'exercice et par
tous les moyens qui procurent la sueur et le rétablissement de l'équillibre.

Le fluide électrique surabondant, entré par la peau est
la cause des perturbations physiques et morales dépendant du système nerveux ; ce fluide électrique superflu se
combinant dans le corps avec d'autres fluides devient un
fluide morbifique dont les effets sont plus ou moins funestes.

On peut introduire du fluide électrique superflu dans
le corps de l'homme, de même et par d'autres moyens on
peut y introduire du calorique surabondant, mais la différence qui existe entre ces deux fluides que l'on confond
très souvent est facile à apprécier : le calorique a la propriété de se mettre en équilibre avec les corps environnants ; l'homme qui a trop chaud, s'il n'est pas en sueur,
peut perdre facilement son calorique surabondant sans
danger. Il n'en est pas de même du fluide électrique
superflu, retenu à l'intérieur du corps humain, plus
chaud et plus humide que l'air ; pour le chasser, il faut
employer des moyens appropriés à cet effet.

Lorsque l'intensité du fluide électrique entré par la
peau a dépassé celle du fluide entré par la bouche, il y a
chez l'homme une cause de maladie plus ou moins intense
qui peut se porter sur un seul tissu, sur un seul organe
et produire l'affection de ce tissu ou de cet organe, se

porter sur plusieurs comme l'éclair et produire des maladies compliquées.

Le fluide électrique superflu entré par la peau, reste dans l'organisme, retenu par le calorique ; sur ou vers le point le plus irrité ou le plus chaud ; il s'exerce par métastase sur chaque organe en fonction, parce que chaque fonction ou chaque opération chimique de l'organisme, ne peut se faire sans accumulation de calorique. Il peut être attiré sur les régions qui ont été altérées précédemment par sa présence. Il agit, concentré comme une étincelle, et partout dans le corps humain ce fluide superflu, quelle que soit son intensité, retrouve le calorique ; si son point d'arrêt, si le point de contact est un de ceux qui sont pourvus des appareils de la sensibilité, le malade éprouve une douleur plus ou moins vive dans cette région selon l'intensité du fluide électrique entré par la peau. Les parties du corps privées d'appareils de la sensibilité sont faiblement affectées par le fluide électrique superflu, néanmoins il agit toujours, surtout s'il s'y arrête, comme cela a souvent lieu, sans que le malade s'en doute, puisqu'il ne le sent presque pas.

Le fluide électrique superflu entré par la peau peut se métastaser, c'est-à-dire qu'il peut quitter sa place lentement ou vivement, et se porter sur plusieurs points à la fois. Si l'accumulation du calorique l'attire, le refroidissement de la région malade lui fait quitter sa place ; le refroidissement avec de l'eau ou celui de la sueur qui mouille la peau opère le même effet ; mais c'est un *refroidissement humide*, c'est l'influence sous laquelle le fluide électrique superflu s'introduit, par conséquent l'intensité du fluide déplacé par ce moyen dans certains cas est augmenté.

Le fluide électrique superflu agit différemment dans certains cas en dégageant du calorique par son action comme dans l'hématose et dans l'inflammation, où il refroidit certaines régions du corps, en agissant sur le système nerveux et diminuant le mouvement du sang ; il produit le frisson par sa présence sur la pulpe des nerfs dans le canal vertébral.

Chez l'homme qui sait se conserver en santé par la mouvement, par l'exercice ou par le travail qui met dehors de son organisme le fluide électrique superflu, celui-ci n'y restera que dans des proportions convenables, et dans ces proportions la réunion du fluide électrique et du calorique existant dans chaque organe en fonction ne peut être considérée que comme le *stimulus* de l'organisme : c'est l'équilibre de deux corps dans l'état naturel et il n'y a aucune action de la part de l'un sur l'autre.

Le froid sec est pour l'organisme une occasion de se fortifier ; on peut supporter pendant toute une journée le courant d'air et le vent le plus chargé d'électricité, le plus froid et le plus désagréable, si l'on n'est pas en sueur. Si ce vent n'est pas chargé de vapeurs humides, s'il est sec enfin, si la température est au-dessous de zéro, on sera couvert de fluide électrique, les vêtements de laine le retiendront. Sous un vêtement ou une doublure de soie, on pourra le rendre visible sous forme d'étincelles, parce qu'il n'aura pu pénétrer dans l'intérieur du corps, la peau étant restée sèche. Mais si, après avoir été exposé pendant une partie de la journée à ce vent sec, l'on reçoit la pluie, ou si, le vent venant à changer, l'on entre en sueur, le fluide électrique accumulé dans les vêtements pénétrera l'organisme, et l'on deviendra malade sans en soupçonner la véritable cause comme cela arrive dans un grand nombre de cas.

L'expérience et l'observation bien longtemps et souvent constatées, démontrent que l'homme peut s'exposer aux vents les plus chargés d'electricité, à la condition d'éviter toute humidité à la surface du corps, comme la pluie, la sueur, l'humidité des vêtements ou du lit : par conséquen t les logements humides, les bâtiments neufs, une habitation au rez-de-chaussée peu saine, les lavages mal en-tendus, le voisinage des marais, la demeure au bord des rivières, des étangs, des eaux stagnantes quelle qu'elles soient.

Il ne résulte aucun inconvénient d'avoir le corps humide à la surface, d'être en sueur, mouillé par la pluie ou par des enveloppes humides si on ne s'expose pas au courant d'air chargé d'électricité et que l'on soit en mouvement continuel, qui, par l'action du sang. ne permet pas l'introduction de la cause morbifique. C'est ainsi que le cultivateur ou le voyageur à pied, l'ouvrier qui travaille des pieds ou des mains dans la rue, sur la grande route ou dans la campagne, trouve toujours dans son travail des ressources aux inconvénients qu'il peut avoir pour sa santé et s'il changeait de vêtements en rentrant chez lui, il éviterait le refroidissement humide qui favorise l'introduction de la cause morbifique. Son organisme se fortifie comme chez l'homme du Nord; il peut supporter dans les intempéries des saisons des influences qui tueraient l'homme qui travaille dans le cabinet.

On est dans l'usage d'attribuer aux miasmes beaucoup trop de part dans les influences qui rendent malade, et, pour cette raison, on a l'habitude de donner un courant d'air dans les salles qui réunissent un grand nombre de personnes qui sont souvent en sueur, sans penser que le courant d'air est plus dangereux que les miasmes qu'on veut éviter.

Le fluide électrique superflu ou la cause des maladies, après avoir pénétré l'organisme, se dirige lentement ou vivement sur le point le plus irrité ou le plus chaud; mais si le fluide électrique entré par la peau et par les voies respiratoires dans l'organisme se trouve en proportion nécessaire avec le calorique, il ne peut être dans ce cas la cause de perturbations, et la cause des maladies alors est l'irritation ou le calorique. L'irritation suivra sa marche naturelle, elle disparaîtra dans certains cas toute seule, parce que le calorique qui en est le principe se dissipe tout seul, en se mettant en équilibre avec les corps environnants. Mais si le fluide électrique est en proportion superflu, il sera attiré sur le point irrité, qui deviendra le centre d'action de ce fluide jusqu'au moment où il sera déplacé par une irritation plus forte.

Les irritants sont : le calorique superflu, le soleil, le feu, quelle que soit sa source ou son support, s'exerçant sur une partie du corps ; tout ce qui augmente le mouvement du sang et développe du calorique sur un point du corps, comme l'eau bouillante, la brûlure, le voisinage d'un tuyau de poêle chaud, un oreiller de plume, les sinapismes, les vésicants, les blessures, les opérations chirurgicales, l'accouchement, les rubéfiants de la peau, les purgatifs, etc., tous ces irritants, en augmentant le calorique sur un point attirent le fluide électrique superflu qui existe dans l'organisme sur ce point ou vers ce point.

L'accouchement, les vésicants, les plaies et les opérations chirurgicales attirent le fluide électrique, non-seulement de l'intérieur du corps, mais elles donnent introduction à celui qui se trouve en dehors, parce qu'il y a contact de l'air sur un point de l'organisme irrité et humide.

Les irritants pour le cerveau sont : d'abord la dentition chez les enfants, c'est une opération irritante et longue ; l'habitude de ne pas couvrir leurs jambes suffisamment fait que la tête est toujours plus chaude que les extrémités inférieures, tandis que c'est le contraire qui devrait se faire. Après l'âge de sept ans, c'est le travail de tête, les affections morales, vives, gaies ou tristes, plus ou moins prolongées ; la perception d'une trop vive lumière, la vue d'une longue galerie de tableaux, un bruit éclatant, un bruit moindre longtemps prolongé, une odeur forte, le rapport au cerveau d'une vive douleur corporelle, l'insolation, la lecture d'un ouvrage d'un malade de cerveau, et par conséquent dans l'opposition par rapport au bon sens ou à la moralité, etc.

L'irritation des autres parties du corps est due également à une augmentation de calorique sur ces parties : ainsi le malade qui a appelé le sang à la gorge par des cris, des chants, un discours trop long, aura une irritation à la gorge qui pourra disparaître insensiblement et qui pourra aussi appeler la cause de l'inflammation dans certains cas. L'irritation se porte à la poitrine, chez celui qui respire trop l'air chaud du foyer, en rentrant du dehors, et les poumons irrités ou plus chauds que le reste du corps attirent la cause morbifique qui détermine presque toujours la toux sèche. Enfin chacun des organes peut se trouver affecté par le fluide électrique attiré par le calorique influencé de manière très variée, comme les individus, l'âge, le sexe, les habitudes, le pays, le logement, le vêtements, les aliments, etc.

Les personnes qui se trouvent exposées sous les mêmes influences qui donnent entrée au fluide morbifique se trouvent affectées sur des organes souvent différends ; cependant, malgré ces différences, il arrive que les saisons, étant favorables à la production et à l'introduction du fluide électrique superflue, tous les individus vivants et placés dans des circonstances qui attirent le calorique sur les mêmes points comme les affections morales qui frappent tous ces individus au cerveau ; la même lecture quotidienne distillant le poison ; le mauvais air qui s'exerce sur leur poitrine ; la même nourriture qui entre dans leur estomac et leurs intestins et qui produit un chyle empoisonné ; il arrive alors que les maladies qui ne s'adressaient qu'à un individu isolé prennent un caractère épidémique comme les affections ou maladies simples du cerveau, du poumon et de l'estomac ; les maladies composées qui se portent à la fois par métastase sur le cerveau à la muqueuse, de l'estomac et des intestins comme le choléra ; — du cerveau à la peau et aux glandes comme dans la peste ; — du cerveau au foie comme dans la fièvre jaune, etc.

Lorsque la température de l'air se trouve au-dessus de celle du corps, l'homme qui sait en profiter, qui ne cherche pas le frais, remarque qu'il est exempt de maladie ; il ne souffre que de la chaleur, parce que le calorique de l'air enlève le fluide superflu que la sueur met dehors ; s'il recherche le courant d'air étant en sueur, il deviendra malade ; — s'il veut boire froid, à la glace, il aura des maux de gorge, de poitrine, d'estomac, par sa faute ; — si, ayant donné introduction au fluide morbifique par des imprudences, qu'il ne croyait pas commettre en cherchant à se rafraîchir, il se trouve obligé d'aller au soleil, alors la chaleur dardant sur sa tête y attirera la cause morbifique.

Le refroidissement humide a lieu en été comme en hiver : dans l'été on le recherche, dans l'hiver on ne peut toujours l'éviter ; le refroidissement humide a lieu dans un grand nombre de circonstances dont on fait peu de cas. *Exemples :* Un homme couché dans son lit, dans une chambre froide, étant en transpiration, se lève sans se couvrir suffisamment, il éprouve un refroidissement humide ; en hiver il s'en plaint, en été il s'en réjouit. Une mère de famille, son enfant étant malade, se lève la nuit pour le secourir, elle ne se donne pas le temps de se couvrir, elle deviendra malade. Un individu entre dans une voiture publique, étant en sueur il se place dans le courant d'air, comme il y en a presque toujours, il a bientôt un refroidissement humide. Un autre, avec des souliers humides ou ses pieds en sueur, obligé de les poser sur une dalle de pierre ou de marbre, éprouve bientôt un refroidissement humide. Un autre, ayant les bras mouillés, s'arrête dans un courant d'air froid ; un sixième, ayant la tête en sueur, obligé de se dé-

**4**

couvrir dans un lieu public, dans lequel il y a un courant
d'air; un septième qui, ayant chaud, boit un verre d'eau
fraîche; un huitième, qui reçoit une pluie abondante après
avoir reçu le vent de l'est, du nord ou du nord-est forts ;
un neuvième, qui, étant en sueur, s'arrête dans la rue
aux vents du nord, de l'est ou du nord-est forts; tous
s'exposent aux refroidissements humides, et par conséquent aux influences qui rendent malade. Ces refroidissements étant forts ou faibles, lents ou rapides, les conséquences en seront plus ou moins intenses.

L'homme ne s'aperçoit pas qu'il devient malade souvent
par son ignorance ou par sa faute, parce que dans l'été,
dont la chaleur est nécessaire à son corps, il cherche le
frais, c'est-à-dire les courants d'air, les refroidissements
humides, les boissons à la glace. Dans l'hiver, dont le froid
est indispensable pour lui donner des forces, il cherche
avidement la chaleur : il se donne encore toutes les maladies possibles par des excès opposés, qu'on peut toujours
traduire par ces mots : introduction du fluide électrique
superflu par la peau humide.

# CHAPITRE III.

## Névroses des organes de l'intelligence.

Lorsque toute la partie antérieure de la pulpe des deux lobes du cerveau comprise sous l'os frontal, recouverte par cet os, circonscrite par ses bords et séparée de la deuxième division, devient, dans toute son étendue, le siége de la cause morbifique, il y a idiotisme complet et sans douleur. Le malade est insensible au rapport des sens, quoique ces rapports se fassent et qu'ils soient reçus, mais en tumulte et sans ordre.

L'enfant malade de cette section ne cherche plus à s'instruire, l'appétit pour apprendre a cessé avec la faculté de digérer les rapports des sens. Il éprouve dans le cerveau, et en avant, une plénitude, et il accuse quelquefois une pesanteur au-dessus des yeux ; quand il y a douleur, c'est que les enveloppes du cerveau se trouvent compromises ; le pouls est faible aux deux poignets. Dans le monde, on dit d'un malade de cette espèce, qu'il a le cerveau faible, parce que la cause de sa maladie n'est pas intense, surtout si ce malade a beaucoup d'activité ; on dit encore qu'il a peu d'intelligence et peu de facultés pour apprendre ; on ne croit pas à un état maladif guérissable, s'il est nouveau.

L'affection des organes de l'intelligence peut encoré permettre au malade de vaquer à quelques affaires, mais difficilement ; s'il ne peut travailler de tête, il peut travailler des mains, mais il a besoin d'un quelqu'un qui remplace son intelligence malade, il a besoin d'un maître pour le diriger, il l'écoute et suit ses conseils par instinct de conservation.

Lorsque les organes de cette section ne sont pas tous malades à la fois, les symptômes indiquent quels sont ceux qui sont affectés ; il est vrai que ces symptômes sont peu remarquables à l'extérieur, mais ils le sont souvent davantage pour le malade qui ne se croit pas affecté et qui déplore sa situation. Ces organes qui, dans l'état de santé, sont ceux de la perception des rapports des nerfs venant des organes des sens, par conséquent de toutes les propriétés des corps, comme la forme, la couleur, le son, l'odeur, la saveur, les sensations par le toucher, et encore de l'ordre, de la mémoire, du jugement, du raisonnement, du calcul, de la prévoyance, de l'invention, du perfectionnement, de l'éloquence, enfin de toutes les facultés des organes de l'intelligence, deviennent dans l'état de maladie incapables de comprendre ou de s'occuper de percevoir les rapports des sens ; il y a ou peut y avoir désordre dans l'arrangement des idées, des paroles, des choses. L'éloquence au service de ces organes n'exprime, avec l'aide des nerfs du mouvement, que ce que leur état primitif lui dicte ; lorsqu'elle est entraînée, la langue obéit à l'intelligence en démence, comme tous les organes de mouvements volontaires. De là les idées fausses et leur émission dans la littérature, dans les arts, etc.

Dans la démence complète ou névrose de toute cette section, l'homme est insensible à tout ce qui l'entoure, les corps de la nature les mieux faits pour lui plaire par leurs couleurs, leurs formes, leurs odeurs, leurs saveurs, etc., les productions des arts, même de ceux qui faisaient ses délices dans l'état de santé, n'attirent plus son attention ou ne lui plaisent plus. Il n'y a plus de mémoire chez lui, le jugement, l'ordre, l'arrangement, le raisonnement, la méditation, le calcul sont impossibles, comme la prévoyance, l'invention, la finesse d'esprit, l'éloquence, le perfectionnement, etc.

Cet état d'idiotisme ou de démence peut être fort ou faible selon l'intensité du fluide morbifique ; il peut y avoir des intermittences et des paroxismes, parce que le fluide morbifique a la propriété de se métastaser. Il peut être congénial, nouveau, ancien ou partiel.

Si faible que soit le fluide morbifique qui affecte les organes de l'intelligence chez un enfant qui veut apprendre, il s'oppose à ses succès par un séjour sur ces organes ; cet enfant ne peut ni comprendre, ni apprendre, ni retenir, ni produire, quoiqu'il ne souffre pas, quoique rien ne l'empêche de manger, de dormir le plus ordinairement d'un sommeil agité, et quoiqu'il apporte beaucoup d'activité à jouer, il est cependant malade. Dès qu'il n'a pas d'appétit pour apprendre, les symptômes sont le défaut des facultés intellectuelles qu'on n'a jamais regardé comme l'effet d'une maladie, mais comme celui d'une volonté perverse de l'enfant ou comme une faiblesse de tête dans laquelle on ne voyait qu'un état naturel incurable ; mais le pouls faible, le sommeil agité, des rêves fatiguants, quelquefois insomnie complète, indiquent suffisamment la présence de la cause morbifique sur les organes de l'intelligence. Il faut guérir cet enfant, et quand il sera guéri, il aura appétit pour le travail de l'intelligence, qui ne sera plus pour lui une fatigue, mais un plaisir, un bonheur.

Jusqu'à présent, lorsqu'on s'est aperçu qu'un enfant était insensible à tout ce qui flattait les sens chez les autres, que le désir d'apprendre, de s'instruire, semblait éteint chez lui, on ne s'est pas occupé de le guérir, parce que l'on n'a pas cru à une maladie ; on a consulté son goût et ses répugnances pour lui donner un état, et l'on s'est dit : si ce jeune homme est insensible à l'harmonie des sons, il ne faut pas en faire un musicien ; si la beauté d'un dessin, si la composition, la couleur d'un tableau n'ont pas d'attrait pour lui, il ne faut pas s'obstiner à vouloir en faire un peintre ; enfin on s'est dit : il faut lui donner un état à travailler des mains puisqu'il a de la répugnance pour le travail de tête. Aujourd'hui l'on peut, lorsqu'on s'aperçoit de bonne heure de l'incapacité du cerveau d'un enfant, le ramener dans l'état normal en en chassant la cause morbifique.

Chez les enfants qu'on fait trop travailler de tête, la cause morbifique peut se développer et se fixer sur divers organes de l'intelligence, il en résulte quelquefois que les enfants qui dans leurs classes, ont prouvé le plus de capacité, perdent leurs facultés ; il faut se hâter de les leur rendre, dès qu'on s'en aperçoit, par un traitement pour en éloigner la cause, puis laisser reposer leurs organes en les mettant à la diète.

Dans le sommeil, tous les organes encéphaliques reposent comme les autres, si l'âme n'a pas d'autre volonté que celle de les laisser reposer ; mais la cause morbifique peut s'exercer sur ces organes pendant le sommeil et produire des rêves fatiguants qui ont rapport aux personnes lorsque le fluide morbifique s'exerce sur les organes de la moralité, et qui se rapportent aux choses si le fluide s'exerce sur les organes de l'intelligence. Dans les hallucinations, ces rêves ont lieu quoique le malade ne soit pas à l'état de sommeil ordinaire. Il croît voir, entendre, etc., et ces effets sont tellement vifs qu'ils sont une réalité pour lui, tout se passe dans ce cas dans l'organe pulpeux encéphalique de l'imagination, les organes des sens n'y sont pour rien.

Lorsque le fluide morbifique s'exerce sur deux organes ayant les mêmes facultés, le pouls et faible sur les deux artères radiales, il y a monomanie, démence plus ou moins complète, le malade s'occupe continuellement d'un même objet ; la même pensée l'obsède continuellement et cette pensée c'est peut-être une feuille de papier qu'il voit sans cesse, un précipice devant ses pas, une épée sur sa tête ; ou il est mélomane, tableaumane, amateur de coquilles, d'antiquités, de médailles, de livres, de cailloux, de chevaux, de physique, de gravures, etc. ; non comme un savant qui s'occupe du progrès des sciences et des arts, mais pour satisfaire une monomanie dispendieuse, qui est insatiable à moins qu'on ne la guérisse.

On reconnaît cette maladie chez ceux qui produisent , comme les peintres et les écrivains de mauvais goût, chez le marchand de nouveautés, au mauvais choix des marchandises de son étalage, etc., etc., enfin on la reconnaît chez tous ceux qui ont certaine préoccupation d'esprit plus ou moins bizarres qui se montre partout.

Les organes qui président à la mémoire et à l'arrangement des mots entraînant ceux du mouvement de la langue, sont les organes de l'éloquence ; lorsque ces organes sont sains l'homme parle avec facilité. Mais si ces organes sont affectés par le fluide morbifique, quoique tout le reste de la division de l'intelligence soit très sain, le malade ne peut trouver des mots pour exprimer sa pensée ; si un seul de ces organes pairs est affecté , il babbutie ; serait-il d'ailleurs l'homme le plus instruit, le plus capable, il ne doit pas s'exposer à concourir verbalement.

Les personnes qui bégayent ne sont affectées que sur un lobe, elles ont l'organe de l'éloquence malade sur ce lobe, il est sain sur l'autre, la langue ne sait auquel obéir. Les affections de cette division de l'intelligence sont guérissables lorsqu'elles sont prises à temps, ou sinon elles peuvent d'un lobe s'étendre à l'autre lobe et devenir monomanies.

En résumé, l'homme malade de la section de l'intelligence, s'il est riche, deviendra pauvre, parce qu'il deviendra la victime des fripons, tout en se méfiant d'eux par instinct ; s'il est pauvre, il travaillera des mains pour subvenir à son existence et à celle de sa famille : facile à entraîner par ceux qui sont sains de cette section, il en sera toujours la dupe ; il a besoin d'un ami, d'un maître pour le protéger et pour le diriger. Cet homme et ses semblables seront bons pères, bons époux, bons amis, et bons citoyens, tant que les organes de la moralité se conserveront intacts et tant qu'ils auront de bons conseils et de bons exemples. Sentant le besoin d'un soutien, ils seront faciles à entraîner par l'homme éloquent qui leur promettra ce que leur pauvre tête ne permettait jamais d'atteindre ; ils deviendront pour l'intrigant en bonne santé ou malade lui-même, des forces aveugles qui pourront lui servir au besoin.

Ne voit-on pas tous les jours avec quelle facilité un homme éloquent, malade de la section de la moralité, entraîne un cerveau faible, c'est-à-dire malade de l'intelligence ! C'est ainsi que des gens qu'on a nommés philosophes, des grands hommes même, parce qu'ils flattaient les hommes selon la nature et autorisaient avec esprit leurs débauches, égarés par la maladie de la deuxième division, en ont égaré tant d'autres à leur suite. Si l'on avait su qu'ils n'avaient tant d'esprit que parce que la moralité chez eux était malade, et si, en les regardant, on avait su que les rides du front accusaient des maladies, on aurait été plus sur ses gardes. L'entraînement peut avoir lieu sur un cerveau sain, il peut s'exercer sur un cerveau déjà malade dans la même disposition d'intelligence surexcitée. Ce n'est plus de l'entraînement, c'est de la sympathie.

On ne peut guérir tous ces malades, souvent malades depuis très longtemps, mais on peut encore beaucoup pour leurs enfants.

# CHAPITRE IV.

## Névroses des organes de la moralité.

La cause des maladies existant sur la pulpe des organes encéphaliques destinés aux rapports de l'homme avec Dieu, avec ses père et mère, avec ses supérieurs, avec ses égaux, avec lui-même et avec ses inférieurs, détermine et développe l'immoralité.

Ces organes sont ceux des devoirs, des sentiments, du caractère, de la moralité en un mot ; l'éducation les développe et les nourrit, comme l'instruction nourrit les organes de l'intelligence.

Les maladies de cette section, peu connues et mal déterminées jusqu'à ce jour, sont très-importantes à connaître, parce que l'homme malade de cette section seulement, raisonne très bien et d'autant mieux, que les organes de l'intelligence étant sains se trouvent surexités par le voisinage du fluide morbifique qui existe sur les organes de la moralité. On ne croit pas cet homme malade, lui-même ne sent rien dans son cerveau, il se croit bien portant ; cependant il a le pouls insidieux, c'est-à-dire composé du type nerveux et du type sanguin, c'est presque le pouls normal ; il a aussi quelques rides plus ou moins prononcées au front, des insomnies et ses actions particulièrement indiquent son état ; mais ces symptômes ne sont pas considérés dans le monde comme des effets de maladie, mais comme ceux du caractère ou d'une immoralité volontaire rachetée par beaucoup d'esprit, ce qui est une grande erreur.

La présence de la cause morbifique sur les organes de cette section agit comme sur les autres ; elle les place dans l'opposition, elle les fait agir en sens opposé à la morale, elle les pervertit. Ainsi lorsque l'organe de la bienveillance ou de la bonté, que l'homme a reçu du ciel, est le siége de la cause morbifique, il devient l'organe de la méchanceté ; sous la même influence l'homme simple devient orgueilleux, parce que la cause morbifique s'est posée sur l'organe de la simplicité on de la modestie. Il en est de même de tous les autres. Et la preuve que les choses se passent ainsi, c'est la guérison à volonté de ces maladies lorsqu'elles sont nouvelles, et leur guérison, lorsqu'elles sont anciennes, par le même traitement longtemps prolongé, toutefois lorsque les organes sont réparables.

Lorsque un homme est malade des organes de l'intelligence, il ne trouve plus de plaisir à s'instruire, il est plus ou moins idiot ; il est insensible aux beautés de la nature, aux productions des arts, il n'a pas de mémoire, il ne sait pas dire deux bons mots de suite ; c'est un petit malheur, cela ne regarde que lui ; il ne comprend pas même toujours sa triste situation, il n'a ni ordre ni arrangement ; il est incapable de perfectionnement, il est sans moyens : qu'il travaille, dira-t-on, qu'il lise, qu'il apprenne ; comme si ses organes malades pouvaient se nourrir. Cette affection ne touche que le malade, on ne le plaint pas, il s'en faut de tout, on le tourmente et l'on augmente son mal, on croit bien faire ! Il ne fera jamais honneur à ses maîtres ; il faut le guérir.

Lorsqu'un homme est affecté ur les organes de la moralité, on n'a pas de pitié pour lui ; sa situation est telle que par sa conduite il choque tous les principes de morale reçus, il est en opposition avec tout ce qui est bien, tout ce qui est rationnel ; il fait du tort à ceux qui ont confiance en lui, parce qu'il a un dehors honnête, parce qu'il appartient à une famille respectable ; c'est au moins un caractère particulier, indomptable, un original, un excentrique, un méchant, un voleur, un menteur, il fréquente une mauvaise compagnie, et l'on s'en étonne ; comme si l'homme dans l'état d'immoralité, ne devait pas chercher la sympathie où il la trouve, et fuir la bonne société et les bons conseils, parce que dans son état il leur est antipathique, et que l'antipathie est pour lui une contradiction, un agacement continuel qui entretient sa malheureuse situation ! Ainsi, quand un jeune homme bien élevé commence à fréquenter et à rechercher la mauvaise compagnie, il faut consulter le médecin, surtout lorsque pendant longues années, il est resté honorable par sa conduite. La mauvaise compagnie qu'il fréquente est un effet de sa maladie, c'en est un symptôme ; mais si on ne le guérit, il arrivera, comme dans d'autres maladies, que l'effet deviendra à son tour une cause, mais une cause des plus dangereuses.

Les maladies des organes de la moralité peuvent être fortes ou faibles selon l'intensité du fluide mobifique introduit ; elles peuvent être générales ou partielles, aiguës ou chroniques. Ces maladies peuvent avoir des moments de calme ou des intermittences comme les autres affections, parce que la cause se métastase ; elles ont aussi leurs paroxismes, parce qu'elles reviennent sur les mêmes points, et peuvent devenir plus fortes si le malade s'est trouvé placé sous des influences qui ont augmenté l'intensité de la cause morbifique, ou plus faibles si des circonstances fortuites, heureuses, comme la sueur, l'ont diminuée.

L'expérience prouve qu'on peut guérir ces maladies en chassant le fluide morbifique qui les détermine et les entretient ; car on peut toujours et à coup sûr le chasser des organes encéphaliques, comme on peut le chasser de toutes les parties du corps ; alors on voit disparaître le mal, le mensonge, le vol, la méchanceté, la licence, l'opposition aux bons conseils, l'insoumission, l'impatience, la disposition au meurtre, etc.

Il est toujours difficile de découvrir depuis combien de temps la maladie existe chez un malade de la pulpe cérébrale, puisqu'il n'en souffre pas d'une manière sensible ; on l'apprend cependant par le temps nécessaire pour le guérir. Il est évident que cette maladie est plus difficile à guérir chez les hommes faits que chez les enfants, parce que chez les premiers, le plus souvent elle est chronique, et que, chez les seconds, elle est moins ancienne ; cependant il peut arriver qu'elle soit plus nouvelle chez l'adulte que chez l'enfant.

Dans l'état de maladie des organes de la moralité, il arrive quelquefois que l'homme est athée ; il professe l'athéisme par sa conduite et par ses discours, à moins que son esprit, son bon sens ou le calcul l'emportant sur la maladie, lui ordonnent le silence à cet égard, autrement tout ce qui lui rappelle la divinité ou la morale est horrible à ses yeux. Quand la cause mobifique existe sur l'organe de la bonté, l'homme est méchant ; ce n'est pas son âme qui est méchante, mais l'instrument malade de l'âme ; mais si le fluide morbifique se métastase sur l'organe de la patience, la méchanceté peut se trouver unie à l'impatience, au meurtre. On est cependant méchant sans être assassin, le meurtre, comme on le voit, est la conséquence de la patience malade entraînant le mouvevent, ou encore l'effet de l'instinct de conservation chez le voleur. On peut, par conséquent, être meurtrier sans être méchant. La méchanceté comme les autres maladies peut-être compliquée ; chez l'idiot il peut y avoir bêtise et méchanceté.

Lorsque la cause morbifique existe sur l'organe de la subordination, il ne faut pas parler à l'homme d'une obligation ou d'un maître : écolier, il fuira l'école ; prêtre, il maudira la papauté ; soldat, il désertera, il criera vive la liberté, c'est la licence qu'il veut dire. Lorsque un écolier ou un soldat montre de l'insubordination, on le punit sévèremet et exemplairement. On a raison parce que ce mal est contagieux par imitation, et les conséquences en sont graves.

L'homme, devenant insoumis sous l'influence d'une cause morbifique, prend en haine tout ce qui est au-dessus de lui, ce qui ne l'empêche pas de vouloir commander ; car s'il réclame la république, c'est que son idée dominante est de n'avoir pas de maître, parce que chez lui l'organe de la soumission est malade. Il détrônerait Dieu s'il le pouvait. Cet homme, ne pouvant jamais être satisfait, ne sera calme que quand il sera guéri ou mort. Nous ne plaçons pas sur la même ligne les républicains honnêtes qui comprennent une république composée d'hommes comme eux, ceux-là, lorsqu'ils se trouvent compromis au milieu des premiers, s'éloignent parce qu'ils reconnaissent leurs erreurs et leurs écrits qui prêchent le plus souvent l'opposition et la licence sous le manteau de la liberté, de l'égalité, de la fraternité, et qui ne semblent pas être l'ouvrage de gens malades, parce que les organes de l'intelligence chez eux sont sains et d'autant plus exaltés qu'ils sont voisins d'organes malades, et d'autant mieux nourris que souvent ils ont reçu une instruction brillante. Les écrits, les feuilles volantes de ces malades, vont porter partout la licence, le désordre et la destruction de ce qu'il y a de plus sacré.

Lorsque l'organe de l'amour-propre est affecté par le fluide morbifique, l'homme fait peu de cas de l'honneur, du respect humain, il se compromet sans cesse, il est continuellement un sujet de scandale. Mais si cette affection se trouve compliquée par l'affection d'un autre organe ancéphalique, ce qui n'est pas rare, alors le malade qui avant cette affection était habillé d'une manière convenable, est habillé avec un désordre, une négligence et une malpropreté qui inspire de la pitié et de l'éloignement. Pour peu que cette maladie s'étende à la simplicité, il prendra des titres et des décorations qui ne lui appartiennent pas, s'il se croit et s'il se dit Dieu le Père, on le prendra pour fou, mais s'il prend seulement le titre de baron ou de marquis, on le punira, et si plus tard il est arrêté de nouveau pour un méfait on ne manquera pas d'antécédents qui ne prouveront qu'une chose cependant, c'est que cet homme est malade depuis le temps qu'il est scandaleux.

Lorsque le fluide morbifique affecte l'organe que les phrénologistes nomment habitativité, le malade ne peut plus rester en place, il est remuant, pétulant, inconstant, il veut fuir le toit paternel, sa famille, sa patrie ; sa maison lui paraît trop étroite, il a besoin de voyager, de courir, de changer, c'est une inconstance continuelle ; la même cause qui lui a fait quitter la maison de son père l'y ramènera, parce qu'il n'est bien nulle part. Dans l'enfance, on prenait les mouvements et l'activité de ce malade pour des signes de bonne santé, on était loin de croire à une maladie dont la guérison lui rendrait le calme et la constance.

Le fluide morbifique existant sur l'organe nommé par les phrénologistes philogéniture, l'homme n'aime ni ses enfants ni ses inférieurs. La charité devient une vertu, lorsque l'homme qui l'exerce s'oublie lui-même volontairement en faveur de son semblable ou de son inférieur ; mais lorsqu'un homme a éprouvé un échec à l'académie, au théâtre, qui a perdu sa place à cause de son opinion politique ou religieuse, il rencontre un autre homme instruit de son malheur, qui lui sourit au visage en le voyant posser ; il n'y a pas de quoi se fâcher, celui qui rit est malade, il faut le prendre en pitié.

L'organe de l'espérance peut devenir le siége de la cause morbifique, et dans ce cas, l'homme si riche, si heureux, si fortuné qu'il soit, se trouve malheureux et pauvre, sérieux continuellement, quelquefois grave, d'autrefois sombre et triste ; il ne rit jamais, on dirait un penseur profond, il voit tout en noir, il est fataliste, superstitieux, il se croit condamné au feu éternel, il se couvre de médailles, de talismans, il ne sait plus, comme il dit, à quel saint se recommander. S'il comprend parfois l'horreur de sa situation, il cherche à se guérir ; on peut avoir des causes de chagrin comme tout le monde, mais, dans ce cas de maladie, elles paraissent énormes et insurmontables. Ne voit-on pas tous les jours des hommes sains de l'organe de l'espérance, affligés par la misère la plus réelle et la plus profonde, demander, dans leur espérance, seulement un peu de pain, afin de lier ensemble hier avec demain ?

Un homme qui n'est pas malade de l'organe de l'espérance ne se détruit pas ; lorsqu'un homme se suicide, il est en démence, et sa démence se nomme désespoir. Un homme au désespoir se jette dans l'eau pour se noyer. Le froid le saisit, la cause morbifique quitte sa place par addition à son intensité et il n'a plus envie de se noyer, s'il sait nager il se retirera de l'eau ; mais la cause morbifique revenant sur la première place, il veut de nouveau se détruire, et, cette fois, il prend des précautions contre lui-même en attachant ses jambes ensemble ou par d'autres moyens qui ne lui permettront plus de se sauver. Un homme en désespoir se jette par la fenêtre pour se tuer, il se casse les deux jambes, la tête ne porte pas et le mal des jambes sert de dérivatifs en déplaçant la cause morbifique et le désesperé guérit ; de sorte que, moins heureux qu'auparavant, il a retrouvé l'espérance, il ne veut plus se tuer. Un condamné à mort, désespéré pour une bonne raison, s'empoisonne avec de l'arsenic, le poison ne tarde pas à agir, comme irritant sur l'estomac et la cause morbifique quitte l'organe de l'espérance pour l'estomac, il exprime le regret de s'être empoisonné, parce que, quoique condamné, il a retrouvé l'espérance.

On a vu des malades de l'organe de l'espérance faire les apprêts de leur suicide avec un certain soin ; orner de fleurs le lit sur lequel ils devaient mourir asphyxiés et écrire pendant que le charbon qui devait les asphyxier brûlait ; ces malades savaient que les journaux en parleraient, il y avait chez eux espoir et vanité, et, en effet, les journaux s'emparaient de leurs écrits et ajoutaient : « *Quelle force de caractère !* »

L'organe de la conscience, par lequel l'âme se communique, peut devenir le siége de la cause morbifique, et alors la conscienciosité est malade : l'homme dans ce cas, n'a plus le sentiment du bien et du mal, du tien et du mien, du vrai et du faux, du juste et de l'injuste, par conséquent il fait aux autres sans s'en douter ce qu'il ne voudrait pas qu'il lui fût fait, et pour peu que la maladie d'autres organes voisins, vienne compliquer cette affection, il tue, il incendie, il empoisonne, il devient faussaire, il ment, il vole, sans motifs aucun, sans intérêt, quoiqu'il puisse se faire qu'il en ait quelquefois de fort ou de faible. Dans cette maladie affreuse, la punition souvent n'est pas sentie par le malade, mais elle l'est cruellement par la famille.

Le malade dont la conscience est en démence, peut raisonner très bien, et parler morale admirablement, il inspire alors toute confiance dans son honneur et ses raisonnements sur l'esprit de justice ; on peut par conséquent ne pas le croire malade, parce que, dans le monde, il suffit d'avoir de l'intelligence et toutes les facultés de cette division bien saines, pour qu'on ne croie pas à une maladie de cerveau, et cependant on se trompe, car les organes de la division voisine sont malades, et se trouvent sous l'influence du fluide électrique superflu plus ou moins intense dont l'intelligence est surexcitée. Malheureusement, la partie du système nerveux qui préside au raisonnement ne peut remplacer la conscience ; ainsi lorsqu'un homme en impose par la figure, par le dehors, par la bonne éducation qu'il a reçue, par une famille sans reproche qu'on lui connaît, lorsqu'il vole, il trompe deux fois, car on ne peut toujours juger les gens à la mine.

. Lorsque l'organe de l'amitié est malade, il produit la haine avec tous ses accompagnements. La sympathie décide le choix d'une compagne ou d'un ami, la sympathie peut exister entre deux malades ; il faut y faire attention, car la sympathie est souvent le résultat d'une maladie des organes de la moralité semblable chez deux individus ; si cette maladie se guérit chez l'un des deux, il y aura bientôt antipathie. Cette maladie, lorsqu'elle est nouvelle, est guérissable comme toutes les affections de la pulpe cérébrale.

. Si l'organe de la circonspection est malade, l'homme est léger de caractère, farceur, imprudent, étourdi en paroles et en actions, il agit sans penser à rien, sans ordre, il joue avec les choses les plus dangereuses, il semble en ignorer les conséquences ; son goût est d'étonner ou de faire rire. Dans toutes ses actions reprehensibles s'il est poursuivi, il ne sait pas se cacher, il attend ostensiblement.

La peur est la maladie du courage, de cet organe qu'on nomme combativité situé près les nerfs du mouvement, lesquels prennent souvent part à l'affection et la viennent compliquer ; sous l'influence de la peur, le malade peut être comme pétrifié, les mouvements cessent quelquefois, ou bien ils deviennent névralgiques, involontaires, en désordre, c'est de la paralysie ou de l'épilepsie, quelquefois de la paralysie qui s'étend aux intestins et occasionne des déjections involontaires, et presque toujours des dégagements de gaz méphitique avec ou sans bruit que le monde connaît comme symptôme de la peur.

Lorsque l'organe du tact que les phrénologistes nomment organe de la sécrétivité est affecté, l'homme n'a plus le sentiment des convenances ; à chaque instant on le voit se placer dans des situations absurdes, quoique le raisonnement, par rapport aux choses et aux hommes, semble indiquer du tact chez ce malade. Rien ne ressemble plus à ce genre de malade que l'homme en état d'ivresse, car il laisse sortir de sa bouche toute espèce de vérités sans tenir compte de leur portée.

L'organe que les anatomistes phrénologistes nomment l'organe de la destructivité dans l'état de maladie, et dans l'état de santé l'organe de la patience, se trouvant affecté par une cause morbifique détermine d'abord chez le malade un agacement nerveux, c'est un commencement d'impatience et d'appel au système musculaire. Selon l'intensité de la cause morbifique, l'impatience est plus ou moins intense, et ses effets plus ou moins graves. L'extension ou la métastase de la cause morbifique de cet organe aux nerfs du mouvement, peut produire la paresse, la paralysie par colère ; mais si la maladie reste concentrée sur l'organe de la patience, celui-ci peut entraîner les muscles du mouvement. Le malade se trouve disposé à frapper, à répondre grossièrement, lorsqu'une observation sage s'oppose à son vouloir : Ce sera avec une réponse mordante, s'il n'a pas d'autres armes, ce sera avec la pelle ou la pioche, s'il est terrassier ; ce sera par la calomnie ou par le poison, si le malade est lâche ; ce sera avec le tranchet, avec le tirepied, s'il est cordonnier ; avec le marteau ou la barre de fer, s'il est serrurier ; avec le compas, s'il est chapentier ; il frappera avec un fouet, s'il est cocher ; avec la main, s'il est manouvrier ; avec l'épée, le sabre, le pistolet, s'il est militaire, ou s'il veut s'en donner le genre ; toujours avec l'instrument de son état ou de son occupation actuelle. Ce sera avec la plume, s'il est écrivain ; et si la presse est à sa disposition, la plume deviendra un instrument de malheurs incommensurables parce que la destructivité par la plume, multipliée par la presse, est une maladie contagieuse comme toutes les affections de la substance médullaire.

Cet homme si dangereux, ce meurtrier, ce fou furieux peut être malade depuis longtemps, car cette maladie court les rues, ou bien il peut-être devenu malade toutà-coup par un motif souvent très futile, une contrariété, une simple réprimande, une observation, et moins que cela une conduite exemplaire opposée à la sienne, qu'il a sous les yeux ou qu'on lui présente comme un modèle à suivre, ou qui tacitement lui reproche, cela suffit pour le contrarier, le mettre en fureur et le porter à des excès qui peuvent aller jusqu'au meurtre. Mais ce meurtrier, peut être malade depuis sa plus tendre enfance ; c'était un caractère indomptable, emporté, irascible ; on le regardait comme un enfant gâté, comme un original, parce que les parents, n'obtenant rien par la morale et par les punitions, ont préféré attendre du temps, de la douceur et du bon exemple ce qu'ils n'avaient pu obtenir par d'autres moyens qui ne leur avaient attiré que le manque de respect ; de sorte que pour ne pas exposer leur enfant à un mal plus grand qu'ils auraient été obligés de réprimer, ils ont cessé de le punir. On a dit alors que l'enfant avait été gâté, parce qu'il faut attribuer ce caractère à quelque chose, et comme on ne peut l'attribuer à une cause inconnue jusqu'à ce jour, on l'attribue à l'éducation manquée. D'autres ont dit tout le contraire : Cet enfant a été tenu trop sévèrement ; et d'autres on dit : il faut que jeunesse se passe. On fait taire tous ces propos, car on connaît aujourd'hui la cause de ces caractères indomptables, on peut la chasser et rendre l'enfant doux, obéissant, honnête, patient ; que ses parents lui montrent l'exemple, ensuite il rentrera dans l'ordre.

L'affection d'un ou de plusieurs organes dans un seul lobe de la deuxième division produit la passion ; le lobe pair est sain. Le pouls est faible sur un seul poignet, l'autre est dans l'état normal. La passion pourrait avoir plusieurs objets, parce qu'il y aurait métastase dans la même division, dans le même lobe ; car si la cause morbifique passait sur l'autre lobe, elle s'arrêterait sur l'organe pair de la même fonction et la passion deviendrait monomanie ou démence , comme cela arrive souvent.

᠂ Les passions sont pour l'homme des occasions de se montrer ce qu'il vaut, c'est en s'y opposant qu'il acquiert un vrai mérite aux yeux des hommes et à ses propres yeux ; mais pour s'opposer à ses passions, l'homme a besoin d'acquérir de bonne heure des connaissances morales qui, plus tard, seront pour lui un poids à mettre du bon côté de la balance lorsque son esprit incertain hésitera entre deux volontés. Quelque soit l'objet d'une passion, il faut s'en guérir au plus tôt, car elle peut donner lieu à une autre passion plus funeste parce que la cause morbifique peut, par métastase ou par sympathie, devenir la cause d'une monomanie ou démence car l'irritation qu'éprouve l'organe sain, dans le lobe pair, pour s'opposer sans cesse à la volonté de son semblable malade, attire le fluide morbifique.

La monomanie, qui porte un sexe vers l'autre, est une affection qui peut exister avant l'âge de puberté ; cette monomanie peut exister à tout âge. En général les malades de cette catégorie ont le derrière du cou très fort ; on voit souvent les petits garçons rechercher pour jouer les petites filles et vice versa parce que le fluide électrique superflu se porte sur le lobe médian du cervelet. Les parents doivent les surveiller s'ils ne veulent pas avoir à rougir de leurs jeux. Si le malade peut se commander, il n'est malade que sur la moitié du lobe médian, il est responsable de ses actions. Si la maladie est plus forte que lui il est monomane, et cette monomanie dans certain cas peut se compliquer et se complique quelquefois d'autres monomanies, multiples, comme on le voit dans les maisons de fous, surtout chez les malades dont les pensées se portent sur les actions les plus contraires à la chasteté ; l'action qui les suit est l'effet de l'entraînement.

Dans cette monomanie comme dans les autres l'organe malade entraîne ceux de l'intelligence, de la moralité et du mouvement. Pour éviter les conséquences de cette affection, qui peut se présenter par des circonstances indépendantes de la volonté du malade, comme une insolation derrière le cou , et d'autres entièrement volontaires, comme la lecture des livres obscènes, il faut éloigner de lui surtout toutes les occasions dont les conséquences sont les plus graves; car , une fois dans le cerveau, la cause morbifique se métastase facilement d'un organe du tissu médullaire sur un autre du même tissu. Un malade dans cette situation ne peut plus se livrer à un travail de tête, encore moins s'occuper de morale ; il n'y a plus chez lui ni intelligence , ni moralité ; il y a toujours paresse et bientôt paralysie, puisque cette seconde ne diffère de la première que par l'intensité de la cause.

L'affection complète du lobe médian du cervelet, par excès d'amour peut déterminer la paralysie des organes de la génération et s'opposer à la reproduction , rendre le mari impuissant ou la femme stérile : il faut combattre cet état de choses chez celui des deux qui a trop d'amour pour l'autre ; car, c'est une espèce de paralysie qu'il faut traiter de même que les autres.

Les parents qui s'aperçoivent de cette monomanie ne

doivent pas regarder cette maladie comme toute naturelle, ils doivent s'occuper de guérir leur enfant, en avoir pitié.

Après avoir fait connaître l'action de la cause morbifique, séparement, sur quelques organes de la vie de relation, après avoir démontré que ces organes malades agissent en sens inverse et tout-à-fait opposé à leurs facultés dans l'état de santé, il devient facile de comprendre, en faisant un appel à ses souvenirs, que la monomanie ou démence d'une seule faculté, bien tranchée, prise isolément, est rare, et que le plus ordinairement il y a plusieurs organes d'affectés chez le même individu, et comme dans toutes les maladies compliquées ; il y a des réunions de symptômes auxquels on a donné le nom de caractère, tel , par exemple , le caractère du misanthrope , de l'étourdi, du menteur, du faussaire, du voleur, du libertin. Les monomanies ou démences de la section de la moralité ou des devoirs de l'homme, simples ou composés, peuvent se présenter à tout âge dans toutes les classes de la société, dans tous les rangs, elles peuvent produire toutes les actions criminelles possibles, depuis la plus faible, jusqu'à la plus épouvantable.

Vers la fin du siècle dernier , un homme vénérable, remarquant qu'un grand nombre de crimes résultaient de diverses monomanies ou de démence plus ou moins complète, s'imagina de les enregistrer ; mais bientôt il abandonna son ouvrage parce que les matériaux devenaient toujours plus nombreux. A cette époque comme aujourd'hui, on attribuait, ces crimes à l'abandon des principes religieux, de la morale, au défaut d'éducation, parce qu'on ne supposait pas que la même cause put produire tous ces effets ; on prenait, comme aujourd'hui encore, les effets pour les causes. La cause des maladies étant inconnue, on prenait dans le monde moral, pour le principe de tous ces désordres le déluge des mauvais livres dans lesquels les philosophes venaient d'engloutir l'humanité, et ces produits de cervaux malades de la section des devoirs de l'homme, très riches et très sains des organes de la division de l'intelligence, n'étaient que des exemples qui attiraient sur la division de la moralité une cause de maladie qui n'avait pas de peine à s'y porter. Les effets de cette maladie étant contagieux, et devant être considérés comme des matières morbides, ont produit bien des malheurs sans qu'on en ait connu la cause ; cependant, lorsqu'on sème l'immoralité, en doit bien savoir d'avance les fruits qu'on doit ceuillir plus tard.

# CHAPITRE V.

## Névroses des nerfs des organes des sens.

Les nerfs optiques, olfactifs, auditifs et les nerfs du goût et enfin ceux du toucher et de la sensibilité, sont pairs comme les organes des sens d'où ils partent pour se rendre au cerveau. Ces nerfs, dans l'état de santé, rapportent exactement et promptement au cerveau ce qui se passe dans l'appareil des sens. Si quelque partie d'un de ces appareils est altérée et que ses fonctions soient dérangées, les rapports des nerfs sont toujours exacts, mais le cerveau reçoit un rapport fidèle des sensations altérées. Si ces nerfs rapporteurs deviennent le siége de la cause morbifique, leurs fonctions cessent, ils sont paralysés, l'âme n'a plus de communication avec le dehors.

L'homme qui, par l'action du fluide électrique superflu, a perdu la faculté de ses organes des sens, après en avoir joui, n'a pas pour cela perdu celle de la pulpe chargée de la perception. La mémoire et l'imagination remplacent un peu la réalité. Lorsque les nerfs des deux organes pairs sont malades à la fois pour ainsi dire, mais par métastase, il y a névrose complète, c'est-à-dire privation ou paralysie des rappor's de l'organe au cerveau. Lorsqu'un homme a perdu l'usage d'un sens par la paralysie d'un nerf, l'autre lui suffit, puisque les organes des sens sont pairs.

Les paralysies des organes des sens sont quelquefois complètes et quelquefois seulement partielles. Dans ces dernières, se trouvent les nerfs du mouvement du globe de l'œil, par exemple de la paupière, etc. La paralysie complète des nerfs des organes des sens, est produite par l'influence du fluide morbifique, dont l'action pénètre la pulpe nerveuse, l'altère ou la décompose, selon l'intensité du fluide morbifique ; dans ce cas l'effort difficile et souvent impossible de pouvoir chasser la cause morbifique, surtout si l'affection est ancienne. La paralysie partielle des nerfs de ces organes est produite par l'influence du fluide morbifique, sur le tissu des nerfs. La paralysie partielle peut devenir complète par métastase de la cause morbifique et le malade ne peut en être débarrassé que lorsque l'affection est récente.

Lorsqu'un homme est affecté sur les nerfs des organes des sens ou s'il est sourd ou bien aveugle on le plaint, mais cela ne regarde que lui ; la peine que les autres en éprouvent est de courte durée, car si l'on en souffre, c'est qu'on se place un instant dans la place du malade, par conséquent le plus souvent l'impression s'efface assez vite.

# CHAPITRE VI.

## Névroses des nerfs des organes du mouvement.

Les ordres de l'âme se rendent au bulbe cranien du rachis au cervelet, et aux nerfs du mouvement qui les communiquent aux muscles et aux fibres musculaires jusqu'aux extrémités du corps, ainsi qu'aux fibres musculaires des organes de la vie organique indépendante de la volonté, au moins directement.

Les effets du fluide électrique superflu sur les nerfs du mouvement diffèrent comme l'intensité de ce fluide, et comme l'organisation des points affectés de cette partie de la pulpe encéphalique présidant aux mouvements ; car il peut produire toutes les nuances ou les degrés qui existent entre la paresse et la mort. Par paralysie, il peut produire une paralysie partielle, comme celle d'un doigt, du sphincter, d'un point seulement sur un tissu ou sur un organe, comme la paralysie des mouvements de la poitrine, du cœur, et par conséquent la mort par paralysie partielle. Chez le paresseux par maladie, le pouls est faible plus ou moins ; chez le paresseux volontaire, il est toujours bien développé.

Lorsque le fluide morbifique existe sur les nerfs du

mouvement de la langue, le malade est muet, et souvent
à cause du voisinage du nerf acoustique, il est sourd aussi.
Lorsqu'il existe dans l'encéphale sur les nerfs qui commandent à la digestion, il en résulte la lienterie, c'est-à-
dire paralysie des organes de cette fonction ; les matières
sont évacuées sans être digérées. Si le fluide morbifique
affecte les nerfs qui commandent l'action de la membrane
musculaire des intestins, les évacuations ont lieu involontairement. Si le fluide morbifique affecte le nerf qui commande la contraction du muscle sphincter de la vessie, le
malade pisse au lit, et ce malheur peut arriver à tout âge.
En un mot le fluide morbifique peut produire le relâchement ou la paralysie de tous les organes du corps, cette
paralysie peut persister ou être passagère. Lorsque le
fluide morbifique ne s'exerce que sur un seul lobe, nerveux,
encéphalique, des nerfs de tous mouvements, il y a hémi-
plégie, et s'il s'exerce dans le bassin, il produit la paraplé-
gie ou la paralysie des membres inférieurs.

La paralysie qui est produite par l'action du fluide électrique superflu, peut être encore l'effet de la présence d'un
corps étranger ou d'une concrétion qui comprimerait la
pulpe nerveuse d'un nerf de mouvement. La paresse, chez
les enfants, est rarement volontaire. C'est une maladie
qui peut se guérir ; mais si l'on ne s'en occupe, la même
cause peut se porter sur d'autres organes du voisinage.

On peut trouver l'immoralité et toutes les affections de la
pulpe nerveuse réunie à la paresse chez les enfants ; ceux-
ci devenus grands voudront vivre sans travailler ; ils cher-
cheront à faire fortune par des moyens illicites. Les facultés de leurs sens seront plus ou moins émoussées, leur
intelligence plus ou moins malade, et leur moralité plus
ou moins souffrante, parce que la paresse empêche les
mouvements qui contribueraient à les guérir. Il faudra
craindre pour eux les affections typhoïdes, et craindre

surtout qu'ils ne deviennent en grandissant le fléau de leur famille.

Ces maladies peuvent se guérir, il faut se hâter de le faire lorsqu'on s'en aperçoit, afin d'en éviter les conséquences qui viendraient certainement plus tard.

# CHAPITRE VII.

## Névroses des nerfs des organes de la génération.

Les nerfs des organes de la génération ne paraissent pas être toujours dans la dépendance de la volonté ; cependant chez l'homme sain, ils ont leurs antagonistes, il faut donc croire, par analogie, que la volonté est là pour quelque chose.

Si les organes de la génération sont physiquement et anatomiquement en santé, et que mari et femme ne puissent avoir d'enfants, c'est qu'il y a paralysie de tout ou partie de ces organes chez l'un ou chez l'autre. La paralysie peut être entière ou partielle, elle peut être ancienne ou nouvelle, forte ou faible ; quoique les fonctions que l'on connaît puissent se faire, il en est de plus profondes qui ne reçoivent pas d'exécution.

L'affection complète du lobe médian du cervelet, par excès d'amour, peut déterminer la paralysie des organes de la génération et s'opposer à la reproduction, rendre le mari impuissant ou la femme stérile ; il faut combattre cet état de choses chez celui des deux qui a trop d'amour pour l'autre ; car c'est une espèce de paralysie qu'il faut traiter de même que les autres.

Le fluide électrique superflu peut déterminer la paralysie des nerfs qui retiennent les petites lèvres, la paralysie de l'utérus, et produire le relâchement et l'allongement des petites lèvres comme le prolapsus de l'utérus, la stérilité.

Il produit chez l'homme le relâchement des bourses et l'impuissance par la même raison, ou seulement la paralysie d'une partie de ces organes.

Les symptômes visibles de la paralysie plus ou moins complète des organes de la génération chez la femme sont : les petites lèvres dépassant les grandes, la chute de l'utérus, ou seulement son renversement ; chez l'homme : l'allongement continuel de la peau des bourses, la dispermatie ou perte de semence, la gonorrhée bénigne, etc., etc.

La paralysie, qui a lieu par l'action du fluide électrique superflu, peut encore être l'effet de la présence d'un corps étranger ou concrétion qui comprimerait la pulpe nerveuse d'un nerf profond des organes de la génération.

Il existe, sans qu'on s'en doute, des paralysies partielles, souvent passagères, des organes de la génération chez la femme ; celle des petites lèvres en est un exemple, et une paralysie partielle de ce genre pourrait exister sur des parties plus importantes, sans qu'on s'en doutât, sur les trompes de Faloppe, par exemple : ce qui serait un cas de stérilité. Les trompes de Faloppe ont un rôle indispensable dans la conception : il suffirait qu'elles fussent inactives pour que la condition *sine quâ non* n'eût pas son exécution. Cette inaction de la part des trompes de Faloppe est une paralysie qui peut n'être que passagère et qu'on doit chercher à dissiper par un traitement.

Ces maladies peuvent se guérir ; il faut se hâter de le faire lorsqu'on s'en aperçoit afin d'en éviter les conséquences qui surviendraient certainement plus tard.

# CHAPITRE VIII.

## Névralgie du tissu médullaire.

Depuis longtemps on regarde l'affection simple d'un tissu ou même d'un organe comme une idiopathie, ou affection primitive. On a réservé le nom de maladie à la réunion de plusieurs affections grouppées dans un arrangement particulier, et, selon le nombre et la quantité des tissus ou des organes affectés, selon la nature des symptômes qui semblent réunis, on a donné à cette réunion un nom qui rappelle le même ensemble déjà observé sur un autre individu, se représentant rarement avec le même caractère et le même arrangement.

Lorsque deux tissus, deux organes, un tissu et un organe se trouvent ou semblent se trouver affectés à la fois, par le fluide électrique superflu, ce qu'on peut facilement reconnaître, il y a métastase, c'est-à-dire que la cause morbifique ne se divisant pas, se porte par métastase, quelquefois lentement, quelquefois vivement d'un point sur un autre, comme du tissu médullaire à un autre tissu ou à un autre organe. C'est une névralgie. Mais la névralgie ne se borne pas toujours à deux affections, elle peut en comprendre un plus grand nombre.

Lorsque cette réunion de points affectés, souvent douloureuse, se présente de temps à autre sans douleur, c'est

que la cause s'est métastasée sur des parties dépourvues
de nerfs de la sensibilité ; il en résulte des intermittences.
On ne doit pas s'étonner qu'un malade accuse plusieurs
points douloureux ; car lorsque la cause des douleurs a
quitté une place, elle y a laissé un souvenir de son
passage, et ce souvenir douloureux peut l'être plus que
n'est sensible le point sur lequel repose alors la cause des
douleurs ; il s'en suit que le point qui fait le plus de mal
n'est pas le plus malade, et n'est pas le siége actuel du
fluide électrique superflu, celui-ci peut être sur un troisième point qui n'est pas sensible du tout.

Dans les tissus de même nature, la métastase s'exerce
d'un point sur un autre plus facilement que sur deux points
de nature différente, et le sentiment que le malade éprouve
lors de la métastase est remarquable. La métastase dans
le tissu médullaire, en agitant des organes si différents
par leurs facultés, donne naissance à des effets multiples
dont les symptômes sont souvent très visibles au dehors
selon l'intensité de la cause morbifique. La métastase dans
le tissu cellulaire : en supposant ce tissu isole, le fluide électrique superflu n'agit pas sur un point, mais il semble
s'étendre en nappe ; après son départ la sueur est collante,
les symptômes autrement sont imperceptibles excepté
lorsque le fluide s'exerce sur des parties de ce tissu par-
semé de vaisseaux sanguins et de nerfs de la sensibilité.
La métastase dans le tissu musculaire, chez un homme
qui fatigue trop ses muscles, ne produit pas des crispa-
tions comme dans les affections spasmodiques, mais détermine la courbature, et des contractions persistantes selon
l'intensité du fluide électrique superflu.

Les métastases dans le même tissu tiennent des affections proprement dites. Néanmoins celles dans lesquelles
la pulpe médullaire joue un rôle, doivent être considérées
comme des maladies compliquées, quoique les malades ne
s'en doutent pas, car les névroses sont sans douleur.

Les métastasants, dans les habitudes sociales, sont nombreux et faciles, puisqu'il suffit de refroidir le point malade et d'échauffer un autre point éloigné pour produire une métastase. Un verre de boisson, prise trop chaude, peut appeler sur l'estomac la cause morbifique qui, posée un instant avant sur le cœur, produisait des palpitations, et un verre de boisson froide, peut chasser de l'estomac la même cause, qui se portera ailleurs, et toujours sur le point le plus irrité après l'estomac : c'est ainsi que la mort subite et les guérisons fortuites ont lieu, c'est toujours par métastases imprevues. Si la métastase peut s'opérer sans que le médecin y participe, on peut avec la connaissance de la cause morbifique et des moyens de métastase guérir. A cause de cette facilité de la métastase qui peut encore avoir lieu par un refroidissement humide d'une partie du corps, on ne doit pas souffrir qu'un convalescent découvre sa tête lorsqu'elle est en sueur; car le convalescent debout et marchant, peut se placer dans des situations sous des influences qui peuvent favoriser la cause morbifique et déterminer une rechute.

Les maladies les moins composées qui viennent après les affections névralgiques sont au moins composées de deux ou trois points affectés du système nerveux, et toujours les affections nerveuses les compliquent.

Les névralgies ou la réunion de l'affection de la pulpe médulaire avec celle d'un autre point de l'organisme par métastase, offrent à l'observateur les symptômes réunis de ces deux affections. Beaucoup de personnes ne connaissant pas la cause des affections nerveuses, ne peuvent comprendre que la même cause puissent produire deux affections différentes en même temps chez un malade ; ce qui fait que dans le traitement mal entendue des nevralgies, on renvoie souvent la cause d'une douleur insupportable de quelque partie du corps dans le cerveau déjà affecté, quoique sans douleur.

L'affection du système médullaire peut être composée dans le système lui-même, et la métastase doit s'exercer sur tous les points de ce même tissu. Lorsque le fluide électrique superflu, s'exerçant sur quelques organes, quitte son siége pour se porter en désordre sur tous les organes renfermés dans le cerveau, ou sur un grand nombre d'entr'eux, il constitue une maladie connue sous le nom de névralgie encéphalique ; elle est sans douleur et peut produire la folie complète ou incomplète, persistante ou passagère. Néanmoins il faut distinguer la folie complète de l'incomplète ou de la névralgie encéphalique.

Dans la névralgie encéphalique, le malade n'est pas fou aux yeux de tous, car il peut y avoir prédominance d'une monomanie, d'une névrose chronique ; dans ce cas c'est la folie incomplète.

Il y a un grand nombre de névralgies qui étaient restées inconnues parce qu'elles sont sans douleur, sans présenter des symptômes spasmodiques et dont on mourait cependant parce qu'on ne les voyait pas. Aussi, disait-on proverbialement : Les maladies douloureuses sont celles dont on guerit, les maladies sans douleur sont celles dont on meurt.

La névralgie du tissu médullaire ou encéphalique peut être forte ou faible, récente ou ancienne sans s'en être aperçu ; mais si le malade continue à s'exposer aux influences qui la détermine, elle devient forte et semble surgir tout-à-coup. Cependant elle peut se présenter pour la première fois chez un homme qui n'aura jamais été affecté du cerveau antérieurement.

La cause morbifique peut, si l'affection chronique des organes ancéphaliques était une héminévrose, autrement dit une passion, s'exercer seulement de ce lobe à plusieurs autres du cerveau, et dans ce cas le malade présente dans ses paroles et dans ses actions des symptômes de

folie ; ce n'est pas la folie complète , c'est une passion-
folie, le malade est le maître de ses actions ; il en est responsable, il sait s'arrêter parce qu'il se commande. Dans
cet état, le malade est considéré comme un original,
quelquefois comme un farceur qui fait rire : ses actions
lui ont quelquefois attiré cette question : Mais est-tu fou?
On le regarde encore comme un caractère particulier ; il
est quefquefois triste.

Cette maladie qui n'est pas la folie peut passer tout-à-
coup à cet état. Il faut que le malade se guérisse ; car il
connaît sa situation ; autrement, il resterait exposé au
danger de devenir fou tout-à-coup, mais il y aurait à craindre pour celui ou celle qui se trouverait dans le voisinage.
En attendant sa guérison, il fera bien de n'avoir jamais de
couteau à sa portée.

Les névralgies sont, après les névroses les maladies les
plus simples ; et les plus simples, parmi les névralgies,
sont celles des tissus. Il ne faut pas croire que les névralgies sont régulièrement composées de deux points seulement malades, il peut bien arriver que le malade en
accuse davantage ; il ne faut en considérer que deux : la
tête et après elle le point le plus important.

La névralgie encéphalique a pour symptômes tous ceux
que nous présente la maladie la plus triste et la plus dé-
plorable, la folie. Nous n'avons pas besoin de décrire tous
ces symptômes ils sont des plus nombreux, faciles à reconnaître ; ce ne sont plus les symptômes tranquilles des
affections simples qui composent les monomanies, les
passions, etc., ce sont des désordres dans les pensées,
dans les actions, et par conséquent dans les paroles. Aussi
faut-il être toujours sur le qui-vive, toujours entouré des
précautions les plus minutieuses, et craindre tout ce qui
peut passer par la tête d'un fou, jusqu'à ce qu'un temps
rationnellement suffisant autorise à laisser le malade à
lui-même après un traitement rassurant.

7

Lorsque le fluide électrique superflu s'est porté une fois sur le tissu médulaire, il pourra de nouveau l'affecter préférablement à un autre, si ce tissu se trouve irrité par une insolation ou par une affection morale gaie ou triste, une simple contrariété. Ainsi après qu'un fou a été guéri, il faut encore, pendant longtemps, éloigner de son cerveau tout ce qui pourrait l'irriter, et pour être assuré contre cette crainte, il faut consacrer un jour ou deux par semaine à un traitement de précaution qui puisse servir à tenir éloignée du cerveau la cause morbifique.

# CHAPITRE IX.

## Névralgies du tissu cellulaire.

Les névralgies du tissu cellulaire sont aussi nombreuses qu'il y a de points dans la pulpe ancéphalique et sur le tissu cellulaire, qui puissent se trouver compromis ensemble dans la même névralgie. Il y a dans l'ancéphale plusieurs sections sur chacune desquelles la cause morbifique se pose, pour de là se métastaser sur un autre point du tissu cellulaire.

On sait que chacune des sections du cerveau et du cervelet se divise en deux lobes. Lorsque la cause morbifique s'exerce sur un lobe seul, le malade a non-seulement une passion, mais la cause morbifique se métastasant sur un autre point loin de la tête, il'a une affection d'une partie du corps sensible ou non : c'est une névralgie avec passion. Si la même cause s'exerce sur les deux lobes du cerveau et sur les deux organes pairs de la même faculté ou sur le point commun aux deux lobes, le malade a une monomanie qui peut par métastase de la cause morbifique avoir un autre point souffrant avec ou sans douleur ; c'est une névralgie avec monomanie.

Lorsque le fluide électrique superflu s'exerce sur un nerf de mouvement, il peut y avoir névrose passagère ou persistante de ce nerf : la cause existe dans la tête, et l'effet peut en être à l'extrémité du corps. Mais si, en même temps, la même cause se métastase sur d'autres points voisins de l'organe paralysé, il en résulte une névralgie bien peu connue qui offre à la fois un organe paralysé au milieu d'une phlegmasie. C'est aussi ce qui explique la douleur sur certains points d'une membrane paralysée.

Les névralgies du tissu cellulaire sont faciles à comprendre : il suffit de savoir que ce sont des affections composées, présentant tantôt les symptômes de l'affection cérébrale, le pouls faible sur un ou deux poignets ; tantôt les symptômes des affections du tissu cellulaire, le pouls normal un peu fort. Ces névralgies sont sans douleur ou très douloureuses, mais elles se font, en général, remarquer par des lassitudes dans les membres, suivies de sueur plus ou moins collante, suivant l'intensité de l'action et celle du fluide électrique superflu.

Le tissu cellulaire sert de support à des nerfs de la sensibilité comme les membranes séreuses, les capsules articulaires, les plèvres, ou à des vaisseaux et des glandes qui ne sont pas toujours insensibles ; les douleurs si pénibles de la névralgie articulaire, de la pleurésie, de l'arachnoïdite, ou de la membrane qui enveloppe l'ancéphale sont des névralgies du tissu cellulaire. Ces douleurs se rapportent aux nerfs de la sensibilité répandus sur les membranes séreuses, qui ne seraient pas sensibles sans cela.

Les névralgies du tissu cellulaire exigent, pour arriver à leur guérison, le traitement de la pulpe cérébrale et celui du tissu cellulaire. Il arrive souvent que les malades se doutent à peine de leur situation, à moins que des symptômes étrangers aux névralgies du tissu cellulaire et propres à quelques-uns des systèmes d'organes qui le traversent et dont les affections, plus sensibles, ou plus visibles, viennent attirer leur attention.

On ne peut comprendre la névralgie du tissu cellulaire que lorsqu'une première crise est passée, parce que alors la sueur du malade est collante et présente aux doigts de l'observateur ce que lui présente une décoction de gélatine plus ou moins chargée; de sorte que, par l'épaisseur de cette sueur, on peut supposer la force de la cause morbifique et celle de son action sur le tissu cellulaire. Mais lorsque la cause morbifique a quitté ce tissu, le malade éprouve partout une dilatation qui le met à son aise, et l'on s'aperçoit que l'affection est plus ou moins réduite lorsqu'il n'y a plus ou presque plus de sueur collante et que l'urine ne présente plus de dépôt, et ne colore plus en jaune les parois du vase. Il faut que le malade renonce aux habitudes qui lui ont donné ce mal, qui le conduisait lentement au tombeau sans qu'il s'en aperçût, en évitant toutes les influences qui donnent introduction au fluide électrique superflu qui affecterait les mêmes points, ce dont il ne s'apercevrait que par de nouvelles sueurs collantes.

Le tissu cellulaire forme les plèvres, le péricarde, le péritoine, l'épiploon, l'arachnoïde, la tunique vaginale, les membranes qui tapissent les cavités qui n'ont pas d'ouverture à l'extérieur, les capsules des gaines tendineuses, les membranes synoviales, etc. Toutes les névralgies de ces membranes, qui sont toutes des séreuses, sont excessivement douloureuses.

La sérosité exhalée par les orifices exhalants des membranes séreuses n'est pas toujours absorbée par les vaisseaux qui sont chargés de la reprendre, il en résulte des hydropisies des fausses membranes, des concrétions contre nature, etc. Toutes ces matières morbides ne s'établissent que par le séjour prolongé du fluide électrique superflu; le malade est averti de la présence de ce fluide morbifique par les nerfs rapporteurs de la sensibilité des membranes séreuses. Est-il, en effet, des douleurs semblables à celles de la pleurésie, de l'arachnoïdite, de la péricardite, de la péritonite, de la goutte articulaire? La cause de douleur n'existant plus, l'affection cesse, et la douleur quoique forte encore, diminue tous les jours. Ces douleurs attachées aux affections des membranes séreuses, se rapportant au point de perception des sensations, nécessitent une grande attention et un traitement protecteur de l'ancéphale quoique le malade n'en souffre pas.

# CHAPITRE X.

## Névralgies du tissu musculaire.

Le fluide électrique superflu ou la cause morbique peut se métastaser de la substance médullaire sur le tissu musculaire, tout-à-coup rapidement, spasmodiquement ou lentement : cette métastase peut n'être que passagère. Sa cause peut être forte ou faible, elle peut se reposer plusieurs heures, plusieurs jours sur un point, puis retourner sur le premier; elle peut se compliquer, c'est-à-dire s'exercer sur plusieurs points. Des irritations nouvelles la fixent et peuvent faire changer les symptômes, car une idiopathie inflammatoire peut avoir commencé par une névralgie, et vice versa. Souvent la névralgie prend une marche régulière, c'est sa disposition naturelle dans des organes dont les fonctions sont régulières, cette manière d'agir est influencée plus qu'on ne croit par les dispositions atmosphériques.

Lorsque la cause morbifique se déplace du système nerveux, les symptômes indiquent de quelle région et de quel organe elle se déplace; ainsi, lorsqu'elle quitte cette partie du cerveau qui dirige les mouvements, qui les préside, il y a au moins paresse, lorsque de là elle se métastase sur les muscles que le cervelet commande; dans l'état de santé, les muscles se contractent involontairement par la présence du fluide électrique superflu, et souvent subitement, les mouvements ne sont plus ni commandés ni ordonnés : les personnes qui tournent la tête spasmodiquement, celles qui ont des tics avec ou sans douleur des muscles de la face, ou de quelques parties seulement de la face, éprouvent des névralgies musculaires. Le trismus, le tic douloureux, la danse de Saint-Guy, les attaques de nerfs, comme le monde les nomme, l'épilepsie, l'éclampsie, le tremblement des vieillards, en un mot toutes les affections des muscles, lorsque le pouls est nerveux ou faible, sont de véritables névralgies musculaires.

Le système musculaire n'est pas seulement répandu à l'extérieur du corps, les fibres musculaires placés à l'intérieur sont aussi soumises à la névralgie. Ainsi les palpitations du cœur, les convulsions, l'asthme, le spasme de la poitrine, de l'estomac, les contractions du pylore, des intestins, le volvulus, la retention d'urine, en un mot toutes les affections des fibres musculaires sans en excepter une seule, peuvent se trouver compliquées névralgiquement, ce qu'indique un pouls variable, lorsque d'ailleurs les autres symptômes parlent. La névralgie peut être remplacée par une névrose, et la névrose par une affection idiopathique organique quelconque. Dans le premier cas, il suffit d'une irritation quelconque au cerveau pour produire son appel sur cet organe ; ainsi l'on peut voir l'incontinence d'urine succéder à une rétention d'urine, et vice-versa.

La mort par la peur peut-être l'effet de la métastase dans la névralgie du cœur ; c'est la paralysie des mouvements des muscles du cœur. La mort peut arriver encore par la paralysie des fibres musculaires du poumon ; il y a alors suffocation.

Les hémorrhagies névralgiques cessent par la peur ; ou bien elles continuent passivement par névrose. Une affection quelconque de la pulpe nerveuse produit le même effet sur la menstruation à son époque.

Lorsque le fluide électrique superflu détermine la paralysie ou le défaut de mouvement dans le tissu musculaire, il existe dans l'encéphale sur le cervelet qui coordonne les mouvements volontaires et ceux de la vie organique, c'est alors une névrose ; mais dans dans la névralgie, la cause morbifique s'exerce sur le cerveau, quelle que soit la place, et se reportant sur un autre tissu, elle forme une névralgie qui présente les symptômes des deux affections. Dans la névralgie musculaire la cause morbifique s'exerce sur le cerveau et sur la fibre musculaire elle-même, et l'on sait que dans ce cas cette fibre se contracte, se crispe. L'affection de la fibre musculaire prise isolément, serait l'affection du tissu musculaire ; mais il est impossible qu'un malade, dans cet état qui n'est pas très douloureux, ne s'inquiète fortement de sa situation, et qu'alors l'affection musculaire ayant quelque rapport avec le cerveau, ne devienne une maladie qu'on nomme névralgie musculaire : il y a maladie composée de l'affection de la pulpe quelle que soit la place et de l'affection musculaire.

La névralgie musculaire générale, c'est le tétanos passager. Cette maladie est plus ou moins complète selon la quantité et la qualité des muscles qui sont compromis ; elle est le résultat d'une contraction musculaire forcée, produite par le fluide électrique surperflu, qui s'exerce sur le système musculaire irrité. Si le pouls est faible d'un côté, ou faible avec intermittence, c'est une névralgie ; s'il est développé ou dans l'état normal, c'est une affection simple des muscles. Lorsque la cause morbifique est chassée du corps, tous les symptômes cessent pour faire place à d'autres peu apparents et moins pénibles. La sueur collante est le résultat de la réaction qui a débarrassé le malade de la cause morbifique ; cette sueur prouve évidemment que le tissu cellulaire s'est trouvé compromis dans le tétanos.

Lorsque le fluide électrique superflu s'exerce dans l'encéphale d'une manière indéterminée sur les nerfs de mouvement et qu'il se métastase par une cause quelconque sur les muscles et sur les glandes salivaires, il produit l'épilepsie. Cette maladie, aujourd'hui, se guérit par des moyens simples lorsqu'elle ne fait que commencer.

# CHAPITRE XI.

## Névralgies des organes des sens.

Les organes des sens renfermés dans les cavités de la tête, sont les plus exposées aux affections névralgiques, à cause de leur rapprochement de la base du système nerveux. Aussi est-il rare que ces organes soient affectés sans que la pulpe cérébrale n'en souffre; dans les affections simples des organes des sens, il faut non-seulement protéger les organes encéphaliques, mais il faut les traiter comme s'ils étaient malades, car ils le sont.

Dans la névralgie de chacun des organes des sens, le pouls est faible d'un côté, développé de l'autre, ou bien il est faible des deux côtés ; le pouls est développé, dans l'inflamation simple de ces organes.

Lorsque le fluide électrique superflu ou la cause morbifique se métastase en quittant la pulpe cérébrale pour s'exercer sur les organes des sens, le malade éprouve des douleurs ou des élancements très pénibles qui annoncent son action sur ces organes.

Il arrive tous les jours dans le traitement des névralgies des organes des sens que la cause morbifique est déplacée de l'organe d'un sens et renvoyée au cerveau ; le malade se croit guéri parce qu'il ne souffre pas et que la cause morbifique est dans la pulpe cérébrale. Mais aussitôt qu'une irritation, même faible, rappelle la cause morbifique sur l'organe du sens qui a déjà été affecté, le malade reconnaît qu'il n'était pas guéri.

Le traitement d'une névralgie quelconque de l'organe d'un sens consiste d'abord à guérir l'encéphale, puis après ou en même temps on traite l'organe du sens malade.

Le voisinage très rapproché de la pulpe médulaire oblige toujours à traiter l'inflamation de l'œil et de chacune de ses partie comme une névralgie, c'est-à-dire d'agir sur le cerveau, de le traiter en même temps que l'organe de la vision ; car la plupart des traitements qui consistent à agir sur l'œil lui-même et tout seul renvoient la cause morbifique dans le cerveau.

Toutes les parties qui composent l'œil, peuvent être isolément ou ensemble le siége de la cause morbifique ; ainsi l'albuginée ou la taie, c'est la cornée devenue opaque par maladie, par ce que le liquide qui la remplit étant devenu albumineux, le fluide électrique superflu, c'est-à-dire la cause morbifique, le coagule comme il coagule le blanc d'œuf. La cataracte, c'est l'opacité du cristallin de sa capsule, de l'humeur limpide et quelquefois de ces trois parties occasionnée par la même cause.

Lorsque le fluide électrique superflu s'exerce sur les vaisseaux sanguins de l'œil, les symptômes sont effrayants: il y a inflammation avec épanchement sanguin, la conjonctive est très-rouge, la sensibilité de l'œil par rapport à la lumière est extrême. La même cause morbifique peut s'exercer sur toutes les parties de l'œil et produire le plérygion ou onglet, l'encanthis ou la mure, le staphylôme ou la tuméfaction de tout le globe de l'œil, l'albugo ou leucome, l'opacité de l'humeur aqueuse, la grêle ou petite tumeur renfermant une matière blanchâtre enkystée sur le bord des paupière ; l'hydropisie par humeur aqueuse ou par humeur vitrée , le larmoiement par excès de sensibilité ; l'inflammation du sac lacrymal, de la caroncule, de la choroïde, etc.

Lorsque l'inflammation à quitté l'œil ou une de ses parties, l'humeur catarrhale cesse de couler en s'épaississant ; elle forme ce qu'on nomme la chassie qui tient les yeux fermés en collant les cils ensemble ; cette humeur épaisse est celle de la crise qui suit le départ de la cause morbifique. L'inflammation qui s'établit sur la caroncule lacrymale et dans son voisinage à l'angle interne de l'œil, se termine par la suppuration ; les larmes ne peuvent plus passer par les voies ordinaires et sortent de l'œil, il s'établit une fistule par laquelle la suppuration se fait jour et marche chroniquement.

L'hypopion est un abcès dans la chambre antérieure de l'œil, accompagné de douleurs pulsatives et pongitives dans l'œil. L'ungisis est un amas de pus entre les larmes de la cornée à la suite de l'inflammation. Ces deux dernières affections sont de véritables crises.

La goutte sereine est la paralysie de la vue ; cette affection du nerf optique est une névrose.

D'autres maladies, dites des yeux, sont plutôt des affections de la partie du système nerveux qui appartient à cet organe ; tel est le vertige ou la vue double, souvent précédée d'insolation, de coup à la tête, de refroidissement des pieds, et souvent accompagné de délire, d'assoupissement. Ces effets nerveux sont aussi des symptômes de l'empoisonnement par vapeurs méphitiques ou par poisons végétaux.

Il n'y a pas une de ces affections qui ne se trouve unie à l'affection de la pulpe cérébrale par métastase ; il faut donc considérer toutes ces affections comme des névralgies.

Lorsque le fluide électrique superflu quitte l'encéphale pour se porter sur un point sensible, il se métastase de la pulpe nerveuse insensible sur l'extrémité d'un nerf de la sensibilité, qu'on peut considérer comme un véritable organe : c'est l'organe du toucher et de la sensibilité. Le malade ne peut avoir aucune connaissance de la présence du fluide morbifique sur un point de l'organisme dépourvu des nerfs de la sensubilité ; aussi n'a-t-on jusqu'à ce jour tenu aucun compte des névralgies sans douleur ; cependant la douleur est différente, selon l'intensité de la cause morbifique, selon le degré de sensibilité des nerfs, car ils ne sont pas tous sensibles au même degre ou plutôt l'organe situé à l'extrémité de chacun de ces nerfs, n'est pas également délicat partout ; ainsi, la métastase au pouce du pied, au fond de l'œil, aux dents, aux bout des doigts, à la surface des membranes séreuses, est douloureusement sentie, tandis qu'elle s'exerce sans douleur à la surface des membranes muqueuses dans le tissu cellulaire sous cutané, dans les glandes, etc.

Lorsque la cause de douleur quitte sa place sensible pour retourner au cerveau dans la pulpe qui n'est pas sensible, la douleur continue sur le nerf de la sensibilité ; mais cette impression va tous les jours en diminant, en l'absence de la cause et sauf son retour. Si le fluide retourne au cerveau, le pouls redevient faible, et lorsque la cause morbifique quitte le cerveau pour les autres organes riches en vaisseaux sanguins, le pouls se développe, mais lentement ; il s'élève, se développe, petit à petit, sauf le retour trop prompt du fluide morbifique sur la pulpe cérébrale ; ainsi lorsqu'une douleur décroit, la cause a quitté sa place, et quand le pouls se développe, quoique lentement, elle a quitté la pulpe cérébrale.

Toutes les affections spasmodiques des organes des sens sont des névralgies binaires, lorsqu'elles ne s'exercent que sur un tissu de l'organe ; elles sont souvent très composées, lorsque la cause s'exerce sur l'organe entier, puisque les tissus qui les forment et les liquides qui les parcourent sont compromis. On ne peut guérir ces névralgies qu'en guérissant l'encéphale ; si l'on ne s'occupe que de guérir l'organe, on renverrait la cause morbifique dans le cerveau, on guérirait en apparence, on ferait taire la douleur, mais d'une névralgie on en ferait une névrose ; le malade ne souffrirait plus, parce que la cause morbifique serait dans la pulpe. C'est ce qu'on peut facilement reconnaître par l'état du pouls qui, alors, reste faible.

Les nerfs qui reportent au cerveau la connaissance de la saveur s'épanouissent sur la muqueuse qui garnit l'intérieur de la bouche, de la gorge et de l'œsophage, par conséquent le palais, le voile du palais, la luette, etc. Ce sont des nerfs de la sensibilité ou d'un toucher très délicat. La paralysie de cette faculté appartient aux malades du système nerveux, c'est une névrose. L'affection spasmodique ou passagère, concuremment avec une affection nerveuse, est une névralgie.

Dans la région du cerveau qui reçoit les rapports des nerfs du goût, il peut se présenter une monomanie spéciale comme celle de boire, ou du vin ou de l'eau-de-vie. Cette monomanie peut exister et fatiguer le malade qui la combat, ce peut être une passion seulement. L'homme est responsable de ce qu'il fera, parce qu'il peut résister à une passion ; mais si c'est une monomanie, c'est plus fort que lui. Si à cette monomanie s'ajoute la titillation sur les nerfs du goûter, comme elle existe sur les organes de la génération, ce qu'on explique par la présence d'animalcules, oh ! alors, l'ivrogne vend tout pour boire. Cette maladie est guérissable surtout dans ses commencements, chez l'homme qui le veut.

La carie des dents est la cause de l'irritation qui attire le fluide électrique superflu sur les nerfs du toucher des dents et son action détermine des douleurs plus ou moins vives selon son intensité. On a dit avec raison qu'une dent gâtée pouvait gâter la voisine ; ce n'est pas par contagion, comme on pourrait le croire, mais parce que la dent cariée attire la cause morbifique qui s'exerce sur les dents voisines. On évitera la carie des dents, lorsqu'on s'apercevra des premières douleurs de dents dans l'enfance, car c'est alors qu'il faut éloigner la cause morbifique des instruments de la mastication, si l'on veut les conserver jusqu'à la fin de ses jours.

Les personnes qui conservent longtemps de belles dents ont eu rarement des affections cérébrales. Et celles qui portent des fausses dents ont dans la bouche une gêne qui attire ordinairement la cause morbifique jusqu'au cerveau et les rend nerveuses.

Les affections névralgiques de l'organe de l'odorat sont presque toujours sans douleur, aussi les personnes qui ont perdu l'odorat ne s'en aperçoivent que lorsque l'affection est ancienne. Rien n'est plus gênant que cette affection jusqu'à présent si difficile à guérir lorsqu'elle est passée à l'état chronique.

La névralgie des sinus fronteaux cesse quelquefois toute seule, lorsque sa cause se porte au cerveau et qui peut reparaitre sur d'autres points. Cette affection peut prendre par métastase le caractère de la goutte vague très intense, le pouls est quelquefois faible sur les deux poignets, par conséquent l'affection existe dans ce cas dans la pulpe cérébrale et sur les enveloppes des nerfs olfactifs. Si l'on ne s'occupe pas de guérir cette névralgie, qui est peu de chose en apparence, sa cause se métastasera et produira toutes les affections possibles qu'on ne croira pas résulter de celle-là.

Les affections de l'oreille sont toujours des névralgies parce que cet organe est très rapproché du cerveau. L'oreille se divise en trois parties : la première comprend l'oreille externe, le pavillon, le conduit auditif. La deuxième partie, est l'oreille moyenne qui renferme la caisse du tympan et ses dépendances; la troisième partie est l'oreille interne qui conduit les sons sur les nerfs chargés de les transmettre au cerveau. Ces trois partis peuvent être malades dans le tissu cellulaire qui les forme, et souvent il en résulte une ortite ou inflammation avec phlegmon ou un écoulement, qui est la crise de l'inflammation de l'oreille interne. Lorsque le fluide électrique superflu a son siége dans le cerveau à l'origine de cet organe, l'écoulement cesse et ne recommence que lorsque le fluide est de nouveau déplacé. Le bourdonnement arrive lorsque la cause morbifique a quitté l'appareil de l'oreille : mais si la cause morbifique s'exerce de nouveau sur sa première place, le bourdonnement et l'écoulement cessent, et le malade peut devenir sourd. Il ne faut cesser de soigner le malade que lorsque la névralgie est entiérement disparue. Si elle revenait, il faudrait avoir recours au traitement et y mettre la constance nécessaire, car il n'est pas rare que le surdité revienne. Cette névralgie ne faisant pas souffrir à son origine, les malades restent souvent sourds par leur faute, leur négligence ou l'impossibilité de se soigner.

Les symptômes des névralgies de l'oreille, sont : Douleur pulsative lancinante, très aigüe dans l'intérieur de l'oreille ; surdité. Difficulté d'avaler, pouls plein, fréquent ; agitation, insomnie. Redoublement le soir. Délire, convulsion, défaillance. Souvent : douleur de l'oreille interne, douleur en ouvrant la bouche.

La surdité par paralysie du nerf auditif rentre dans les névroses. On ne saurait la confondre avec la surdité due à l'accumulation du cérumen. Avant de traiter une affection névralgique de l'ouïe, quoique le pouls soit faible, même aux deux poignets, ce qui indique que la cause morbifique s'exerce sur le nerf de cet organe à son origine dans le cerveau, il faut s'assurer que les oreilles ne sont pas obstruées par le cérumen ou par l'épaississement des parois de l'oreille. Dans le premier cas, il suffit de nettoyer l'oreille, et dans le second il faut traiter l'épaississement du tissu cellulaire.

L'épanouissement des nerfs qui porte au cerveau la connaissance des corps et de leurs propriétés par le toucher, se trouvent quelquefois affectés par le fluide électrique superflu. La paralysie passagère ou persistante de ces nerfs, a son siége à leur origine au cervelet, comme elle pourrait l'avoir sur un trajet de ces nerfs sur un point quelconque, soit par une coupure du nerf, soit par une pression dans une partie de leur longueur ; mais, quand il n'y a pas d'autres motifs, c'est toujours à l'origine encéphalique qu'il faut s'adresser. La paralysie passagère ou spasmodique des nerfs de la sensibilité existe souvent chez des malades qui ne s'en doutent pas.

Les nerfs du toucher et de la sensibilité sont répandus partout où le fluide électrique superflu ne peut s'exercer sans produire de douleur ; sur ces mêmes nerfs plus ou moins sensibles tous les corps étrangers s'y font sentir avec plus ou moins de douleur ; on fait cesser la douleur, en les retirant, c'est ainsi qu'on fait cesser la douleur en faisant disparaître la cause.

# CHAPITRE XII.

## Névralgies des organes de la respiration.

Les maladies des poumons sont nombreuses comme les tissus dont ils sont formés, ces maladies presque toujours compliquées par métastase de l'affection de plusieurs tissus, sont souvent anciennes et présentent les effets, à différents degrés, de la même affection sur le même tissu. Les poumons étant peu sensibles en général, leurs maladies peuvent être irrévocablement mortelles, longtemps avant la mort.

Lorsque le fluide électrique superflu reste habituellement dans le poumon, ce qui arrive souvent parce que les malades ne cherchent pas à se guérir des maladies qui ne les font pas trop souffrir, l'affection du tissu cellulaire, celle du tissu cellulaire muqueux, étant peu douloureuses, surtout quand la cause morbifique est faible, sont insupportables ; ces malades sont de ceux qui trouvent qu'ils n'ont jamais assez d'air pour respirer et se placent continuellement dans des courants d'air. Néanmoins, avec le temps, il se forme des matières morbides aux dépens des tissus ; ce sont des crachats épais qui sortent souvent avec abondance ; des tubercules qui se forment par le durcissement des liquides qui traversent les poumons, qui, plus avancés, suppurent et dont le pus plus ou moins complet sort avec les crachats muqueux. Telle est la phthisie pulmonaire ; cette maladie peut exister sur un seul poumon, tandis que sur l'autre il y a crise, il en résulte les symptômes que les anciens désignaient sous le nom de phthisie pulmonaire catarrheuse. Lorsqu'à la phthisie se joignaient une pâleur, une lassitude extrême avec bouffissement du visage, œdéme des pieds, des mains, et même de l'hydropisie, ils disaient : c'est une phthisie pulmonaire encéphalique, c'est-à dire maladie déjà mortelle de la poitrine, compliquée par métastase d'une affection déjà ancienne de l'estomac et du tissu cellulaire sous-cutané.

Lorsque les parois des cellules des poumons sont épaissies par la présence du fluide électrique superflu, le sang qui doit se rendre aux poumons, peut à peine y arriver, et son mouvement devient une source d'irritation pour cet organe ; cette irritation favorise l'action de la cause morbifique.

L'action du fluide morbifique sur les poumons malades les fait passer à la suppuration, et comme les poumons ne sont affectés que sur une étendue plus ou moins restreinte, on peut trouver réunies sur l'organe de la respiration toutes les affections de ses tissus différents, quoique une portion encore saine ait suffi à la vie. Si l'on abandonne un malade dans cet état, qui est celui du cancer du poumon, aux forces de la nature, il mourra sans aucun doute. Si l'on peut éloigner des poumons le fluide morbifique, comme cela a lieu quelquefois par des circonstances fortuites aux dépens d'un organe moins important, il pourra encore guérir, c'est-à-dire il pourra vivre encore avec un poumon entamé et cicatrisé.

Lorsque le fluide électrique superflu s'exerce sur la membrane séreuse qu'on nomme la plèvre, il détermine une sécrétion abondante de sérosité qui n'est pas absorbée à mesure comme dans l'état normal ; si la cause morbifique qui a donné lieu à sa sortie s'exerce sur le liquide lui-même, elle le durcit, et la force conservatrice de l'organisme le fait passer à l'état de fausse membrane, dont la présence, plus tard, rappelle quelquefois le fluide morbifique. La pleurésie est souvent compliquée de l'affection du poumon, et alors elle prend le nom de pleuro-pneumonie. La pneumonie est d'ailleurs souvent composée d'affections d'autres organes; mais on fait peu d'attention à ces complications qui sont presque sans douleur, en présence de celles de la pleurésie dont la douleur est extrême.

Les symptômes de la névralgie des poumons sont : douleurs constrictives de tête et de poitrine, toux , expectoration sanguinolente et muqueuse, difficulté de respirer. Diminution des forces musculaires. Pouls accéléré, dur, plein, fort, fréquent parfois, ou petit, accéléré, concentré inégal d'autrefois. Redoublement le soir. Quelquefois chaleur et frissons avec les symptômes de la frénésie, anxiété, douleur de côté.

Lorsque le fluide électrique superflu s'exerce sur le cerveau, c'est une névrose; s'il quitte spasmodiquement ou si l'on veut névralgiquement le cerveau pour le tissu propre du poumon déjà épaissi par son action, c'est l'asthme. Si cette cause se fixe sur les nerfs qui ordonnent le mouvement respiratoire ou de dilatation du poumon pour aspirer, ce serait de l'oppression, de la suffocation. Il peut ne pas y avoir de toux.

La névralgie pleurétique s'annonce par des douleurs aiguës pongitives de la poitrine, fortes au côté sur la plèvre; la respiration difficile, la toux sèche, la chaleur, la soif, l'abattement, l'oppression et le resserrement de la poitrine. Le pouls fréquent, concentré, dur, frissons, lassitude. Le pouls quelquefois petit, accéléré, concentré.

On doit s'attendre lorsqu'un malade se plaint d'une douleur dans les poumons avec quelques symptômes d'affections encéphaliques, que les poumons pourraient présenter les uns après les autres, les symptômes des affections de chaque tissu qui les composent et aussi des systèmes qui les traversent, et en particulier le système sanguin ; car il est rare que la cause morbifique ne s'exerce pas non-seulement sur plusieurs points du poumon, mais encore sur d'autres parties du même appareil.

La cause morbifique ou le fluide électrique superflu se portant toujours sur le point le plus chaud du corps, il ne faut pas s'étonner si en rentrant d'un air froid dans une chambre dans laquelle l'air est chaud, on se met à tousser. Si le fluide morbifique était dans la pulpe médullaire avant de se placer devant le feu, le malade pourra avoir toutes les affections de poitrine spasmodiquement, névralgiquement, l'oppression, l'asthme, la toux convulsive, etc. La toux est encore plus certaine si l'on s'approche et si l'on se met en face du feu ; car l'air qu'on respire alors étant très chaud, le poumon devient bientôt le point le plus chaud du corps et favorise l'action du fluide morbifique. La cause de la toux une fois dans le poumon, agit comme tous les corps étrangers, elle produit la toux sèche. Si au lieu de se guérir, on garde ce mal qui ne gêne pas beaucoup, les poumons seront altérés petit à petit et deviendront irréparables.

Lorsqu'il y a expectoration, que la toux, comme on dit, est grasse, c'est que la cause morbifique a quitté le poumon. Si l'on s'arrange pour qu'elle n'y revienne plus, la toux grasse cessera en peu de jours ou avec le temps, selon que le mal existe depuis peu ou depuis beaucoup de temps. La toux grasse, après une névralgie chronique du poumon, n'est pas un catarrhe, c'est une crise. Le catarrhe ou l'expectoration a lieu lorsque la cause morbifique existe sur la membrane muqueuse. Dans la coqueluche, la cause morbifique, se porte du cerveau à la poitrine et à l'estomac sur la membrane muqueuse et sur la musculaire.

Les symptômes qui caractérisent les névralgies du

larynx sont : la difficulté de respirer, douleur forte à l'arrière-bouche, à la gorge ; le voisinage est légèrement rubéfié, voix petite, sifflante, aiguë ; chaleur brûlante vers le haut de la poitrine et en avant. Le pouls est très fréquent, développé, alternant avec le pouls fréquent, petit, concentré ; palpitation du cœur, pulsation des carotides. Grande agitation, souvent délire, toux suffocante et sèche ; rougeur des yeux et du visage.

Le croup est une névralgie du larynx, qui se développe rapidement chez les enfants et qui commence par une respiration accélérée, accompagnée d'une toux rauque, de tristesse, douleur au-dessus du larynx, respiration striduleuse très fréquente ; il se forme dans le larynx une matière blanche semblable à du blanc d'œuf cuit ; on la trouve encore au commmencement des bronches.

C'est évidemment un liquide séreux formant une membrane. Le pouls est accéléré, dur, et fort de temps en temps ; faible, fréquent, obscur, etc. Agitation. Cette maladie au troisième jour est trop avancée et la membrane présente trop de consistance pour espérer dans le plus grand nombre de cas une guérison.

La guérison des névralgies des organes de la respiration, exige des moyens et des connaissances capables de diminuer graduellement l'intensité de la cause morbifique, avant d'en délivrer complètement le malade ; car, si on voulait les guérir comme des affections simples, on renverrait la cause morbifique dans le cerveau, et le malade serait exposé aux conséquences les plus funestes.

# CHAPITRE XIII.

## Névralgies du cœur.

La circulation comme les autres fonctions de la vie or
ganique, est sous l'influence du système nerveux. Le chyle
provenant des aliments digérés entre dans le système
sanguin par la veine sous clavière gauche, et bientôt il
est rapporté au cœur avec la lymphe et le sang veineux ;
le ventricule droit classe ce sang imparfait dans le poumon, et là il reçoit de la part de l'air les propriétés de
sang artériel ; il sort du poumon avec ces qualités, revient
au cœur qui, par les contractions de son ventricule gauche et par les conduits artériels, lui fait parcourir tout le
corps pour y répandre avec le fluide électrique, le calorique et les éléments de la nutrition.

Dans l'état normal, la circulation a lieu avec un nombre de pulsations toujours régulier ; si la cause morbifique s'exerce sur le système nerveux, les pulsations sont
faibles, petites, obscures, nerveuses ; si la cause morbifique s'exerce sur des parties riches en vaisseaux sanguins,
le pouls est gras, plein, fréquent. Il est donc facile de
reconnaître, par l'état du pouls, si le fluide morbifique
s'exerce sur un ou sur l'autre système.

Les affections du cœur et des vaisseaux sanguins sont :
Pour le cœur, les palpitations, la cardite, la péricardite,

9

affection de la membrane séreuse qu'on nomme péricarde. Les affections des vaisseaux sanguins sont les hémorrhagies actives, le déchirement des tissus de ces vaisseaux, l'ossification.

Les palpitations annoncent la présence du fluide électrique superflu sur le tissu musculaire du cœur ; des mouvements , des contraction insolites en sont les symptômes. La cardite se rapporte à l'inflammation du tissu du cœur ; la présence continue du fluide morbifique produit l'épaississement ou l'amincissement de ses parois, selon la nature du tissu affecté. La cardialgie ou inflammation de la membrane séreuse qui recouvre les cœur, se distingue de la cardite par des douleurs aiugës qui n'existent pas dans la cardite.

L'affection du cœur peut donc exister avec ou sans douleurs avec ou sans palpitations. L'affection est simple lorsque le pouls est toujours plein et fréquent, et lorsqu'il est nerveux par intermittence , ou nerveux sur un poignet, développé sur l'autre, c'est une névralgie.

Lorsque le fluide électrique superflu s'exerce depuis longtemps sur le cœur directement ou par névralgie, il produit des palpitations habituelles, une induration, ou ramollissement ou une ossification partielle, la dilatation ou l'hypertrophie. Les concrétions sanguines fibreuses sont au cœur ce que les fausses membranes sont aux séreuses. C'est le résultat de l'action du fluide morbifique sur la sérosité de la membrane interne du cœur, uni à du sang.

La péricardite est l'affection de la membrane dans laquelle le cœur se trouve enveloppé, c'est une membrane séreuse et ses maladies sont les mêmes que celles des membranes séreuses dont nous avons parlé ; l'hydropéricardite en est la suite.

La syncope se rapporte aux névroses ; c'est une paralysie faible, incomplète ou passagère, ou rapide des nerfs du mouvement du cœur. La mort est la paralysie complète produite par une cause morbifique intense et prolongée des nerfs du mouvement du cœur ; si cette paralysie n'est pas complète, c'est que la cause est faible ; elle peut se prolonger plus ou moins longtemps et la circulation se fait insensiblement.

Les vaisseaux dans lesquels le sang circule, sont tapissés d'une membrane continue, fortifiée à l'extérieur par une tunique fibreuse pour les artères, de fibres charnues pour le cœur, d'une membrane particulière pour les veines pulmonaires. La force de la tunique fibreuse est telle que le mouvement du cœur tout seul ne peut opérer une anévrisme aortique. Les artères se terminent en se joignant avec les veines par les capillaires, soit en fournissant les liquides qui arrosent et nourrissent les différents tissus. La membrane commune des artères est suceptible de s'encroûter de phosphate de chaux par couches ; on remarque cette disposition chez les personnes qui présentent des intermittences dans le pouls ; elle est encore la conséquence d'autres affections névralgiques.

Les artères reçoivent elles-mêmes des vaisseaux exhalants, des absorbants et des nerfs. Le premier tronc du système à sang rouge reçoit presque exclusivement des nerfs cérébraux. Les nerfs vagues se répandent sur toutes les veines pulmonaires et sur les vaisseaux voisins. La partie moyenne de ce système, celle où se trouve le cœur, reçoit ses nerfs plutôt des ganglions que du cerveau ; les artères sont embrassés par les vaisseaux de la vie organique.

Les artères ne paraissent pas sensibles, malgré le grand nombre de nerfs qui les entourent, parce qu'il n'y en pas de rapporteurs de la sensibilité en dehors ; la membrane interne paraît très irritable, et si le fluide électrique superflu s'exerce sur les tuniques des artères, l'interne et la moyenne se dilatent, finissent par se rompre, de là l'anévrisme.

Lorsque la cause morbifique a son siége dans le système nerveux et qu'elle s'exerce par métastase d'une manière permanente sur les nerfs des mouvements du cœur, la marche de la circulation se trouve diminuée, le mouvement du pouls devient faible, et cette faiblesse peut aller en diminuant de plus en plus, au point que le mouvement du pouls est imperceptible ; enfin, la mort est la conséquence de l'action du fluide morbifique sur le système nerveux, arrêtant par sa présence toute circulation. On comprend très bien que sa présence sur les nerfs du mouvements du cœur fasse taire ces mouvements et que par leur cessation, la circulation se trouvant interdite, la vie cesse parce que les conditions de la vie ne se trouvent plus remplies.

Le fluide électrique superflu s'exerçant par métastase sur la grosse artère (l'aorte) du cœur, produit l'aortite ou inflammation de l'aorte ; il peut aussi la dilater depuis son origine jusqu'à sa bifurcation. La dilation outre mesure d'une partie seulement de ce vaisseau constitue l'anévrisme vrai ; mais il faut que la dilatation soit du double de son volume habituel : le malade éprouve alors quelques douleurs derrière le sternum, quelques palpitations dues à la métastase du voisinage.

Dans l'anévrisme de l'aorte descendante , le malade éprouve, dans la région dorsale, des douleurs pertébrantes. Les os sur lesquels pose la tumeur anévrismale sont quelquefois corrodés ; souvent le sternum perd de son épaisseur, et l'anévrisme fait saillie, ce qui prouve que l'action du fluide morbifique s'est étendue au voisinage. L'ossification de l'aorte a quelquefois lieu, au moins en partie, quoique tous les points de ce vaisseau puissent s'encroûter de phosphate calcaire : c'est une affection qui marche sans douleur, mais qui devient bien gênante lorsqu'elle est étendue.

Le cœur est formé de deux cavités, dont l'une reçoit le sang artériel, c'est le cœur gauche ; l'autre reçoit le sang veineux de tout le corps et l'envoie aux poumons, c'est le cœur droit. La cœur droit comme le gauche ont deux mouvements qu'on nomme systole et diastole : dans le premier il se contracte ; dans le second il se dilate, parce qu'il cesse de se comprimer. Ce mouvement de compression est l'effet de l'action du fluide électrique nécessaire qui pénétre, lors de l'aspiration, et se porte avec le sang dans toutes les parties du corps ; de sorte qu'à peine arrivé au cœur par le poumon, dans lequel il a trouvé le fluide électrique nécessaire, la fibre musculaire du cœur reçoit de la part de ce fluide nouveau une irritation qui la force à contraction et à chasser le sang, par ce mouvement de systole, dans les voies qu'il doit parcourir.

Le fluide électrique nécessaire à la conservation de la vie accompagne le sang partout et revient avec lui par les veines dans le cœur, au moment de la diastole, c'est-à-dire du relâchement. Son effet de systole est le même, quoique plus facile, parce que les principes irritants du sang ont diminué chemin faisant, et suffisent pour le peu de chemin que le sang veineux doit parcourir du cœur aux poumons. Si la compression ou la systole devient continue par la présence du fluide électrique superflu, il arrivera, si celui-ci est faible, que la circulation soit entravée, le pouls deviendra petit ; si son action est violente ce sera la mort.

Lorsque le fluide électrique superflu s'exerce sur le cœur droit il y a contriction et cyanose plus ou moins prononcée. Si le fluide s'exerce sur les deux cœurs à la fois par métastase rapide, ce sera la palpitation ou les mouvements désordonnés du cœur.

Les tissu musculaire du cœur peut devenir le siége

du fluide électrique superflu, et selon la place que ce fluide occupe, il peut en résulter des maladies très différentes, en général peu douloureuses, mais très-gênantes.

Les symptômes des névralgies du cœur sont : Douleur profonde, pongitive dans la région du cœur, sous le sternum. Anxiété, palpitations souvent violentes. Pouls inégal et fréquent, intermittent, dur. Soupirs profonds et continuels. Pas de toux ordinairement. Ces symptômes sont plus ou moins forts selon l'intensité du fluide électrique superflu.

Les moyens thérapeutiques dont on peut disposer aujourd'hui assurent la guérison de la plupart des névralgies du cœur.

# CHAPITRE XIV.

## Névralgies de l'estomac.

Les aliments grossièrement broyés par les dents et imprégnés de salive, descendent par l'œsophage dans l'estomac placé dans l'abdomen sous la région épigastrique ; les aliments réduits en pâte dans l'estomac, subissent une transformation complète sous l'influence de la chaleur, fournie par le plexus solaire, placé sous l'estomac comme le foyer sous une marmite. Les aliments entrent en fusion et forment le chyme et à mesure qu'il se forme, le chyme quitte l'estomac et se rend, par une soupape appelée pylore, dans la première partie de l'intestin appelé duodénum. Arrivé dans cet intestin, qu'on peut considérer comme un second estomac, le chyme se trouve en contact avec le suc pancréatique et la bile, qui lui font subir une nouvelle transformation : le chyme se sépare en deux parties, l'une solide excrémentielle, qui doit parcourir toute la longueur du canal intestinal ; l'autre est un liquide blanchâtre nommé chyle, qui est absorbé par les vaisseaux chylifères qui le conduisent dans le réservoir thoracique, et de là dans la masse du sang veineux, pour fournir à l'hématose les principes combustibles qui entretiennent la chaleur vitale.

Les parois de l'estomac sont formés de trois membranes réunies par du tissu cellulaire : l'externe fait partie du péritoine, c'est une membrane séreuse ; l'interne est une membrane muqueuse ; la mitoyenne est musculaire, ses fibres sont molles, blanchâtres et dirigées en sens différents. L'estomac reçoit des artères très-grosses, ses veines suivent la même direction que les artères et s'abouchent avec la veine-porte qui se rend au foie ; ses nerfs sont les pneumo-gastriques et les trois divisions du plexus cardiaque. Les deux orifices de l'estomac : le cardiaque et le pylorique, sont deux anneaux formés de tissus musculaires, qui sont contractés pendant la digestion ou plutôt pendant la formation du chyme.

L'estomac peut être affecté sur l'une ou sur l'autre de ses membranes ; ses vaisseaux, ses nerfs peuvent également se trouver sous l'influense du fluide électrique superflu ; il peut encore être empêché dans ses fonctions par le même fluide, il en résulte toutes les affections de l'estomac, qui sont : 1o affection de la muqueuse ; sécrétion surabondante de mucosités, catarrhe de l'estomac ; l'affection s'étendant à la membrane musculaire, il y a vomissement pituiteux. 2o Affection de la membrane musculaire : douleur et constriction à l'épigastre, contractions de l'estomac, nausées, vomissements souvent bilieux. 3o Affections des nerfs : douleur d'estomac, paralysie passagère ou persistante résultant de l'affection des nerfs de mouvement de cet organe à leur origine dans la tête. 4o Affection des vaisseaux : le pouls est gros, plein et fréquent ; il peut survenir un vomissement de sang. 5o Affection de l'ouverture supérieure : nausées habituelles. 6o Affection de l'ouverture inférieure : migraines, rapports acides ; toutes les affections du pylore sont presque sans douleur sur la partie malade, avec douleur dans la tête. Cette douleur n'est pas continue ; elle varie dans la même heure, quelquefois elle disparaît entièrement; d'autrefois, elle revient plus forte, tandis que l'affection simple des enveloppes du cerveau, affection douloureuse ne varie pas; c'est une douleur fixe, toujours la même tant que la cause est là. 7° Affection péritoniale : douleur vive, quelquefois sourde, selon la région affectée de cette membrane.

Les affections de la muqueuse de l'estomac sont comme celles de toutes les muqueuses, une sécrétion trop abondante de mucosités qui force quelquefois le malade au vomissement, parce qu'il ne peut être le siége de la cause morbifique sans que les ouvertures cardiaques ou pyloriques ne s'en ressentent, comme aussi la membrane musculaire ; dans ce cas il y a contraction des fibres musculaires de l'estomac, par conséquent il y a nausées, vomissement de mucosités. Mais si la fibre musculaire seule se trouve malade, il y a nausées sans vomissement, à moins que l'estomac contienne des aliments et des liquides. Si la muqueuse seule se trouve affectée, il n'y a pas de vomissements. Les mucosités passent par en bas, descendent par les intestins. Si le fluide morbifique se prolonge sur la muqueuse, alors à la sécrétion trop abondante du liquide peut succéder une exhalation sanguine qu'il faut distinguer de la gastrorrhagie ou vomissement de sang, accasionné par la déchirure d'un petit vaisseau sanguin.

Le cardia peut être le siége du fluide morbifique ; il en résulte un sentiment de douleurs, de constriction, de torsion, de morsure, accompagnées de nausées, de vomissement, souvent avec défaillance à cause du voisinage du cœur. Le visage du malade est très pâle, c'est l'apepsie ou difficulté de digérer.

Le pylore peut comme le cardia être le siége du fluide morbifique ; dans ce cas, le malade, pendant longtemps, n'éprouve pas de douleurs au pylore, mais à la tête ; son séjour produit l'induration de l'organe, ce qu'on peut sentir quelquefois à travers les téguments ; elle peut être générale ou partielle, quelquefois tuberculeuse. Cette induration peut disparaître fortuitement ou par traitement. Le voisinage des ouvertures y est plus exposé que le reste de l'estomac ; avec le temps et le séjour du fluide, l'induration passe à l'état de suppuration, par toutes les phases du cancer et il n'est pas rare que le malade vomisse des matières sanguinalentes fétides.

Lorsque malgré la mastication aussi parfaite que possible, les aliments sortent du rectum dans l'état qu'ils présentaient en arrivant dans l'estomac, il est évident que la digestion n'a pu se faire, soit qu'il y a paralysie passagère ou persistante des nerfs de l'estomac, soit parce que le fluide morbifique est sur la muqueuse tout le long de l'appareil et que les aliments ne peuvent à cause de cela être élaborés ; il y a lienterie. Dans le cas de paralysie, le pouls est lent et faible ; dans le second cas, il est plein et fréquent.

L'Affection de l'estomac entier, ou la gastrite peut se compliquer par métastase de l'affection des autres organes ; ainsi, il peut exister une arthro-gastrite, lorsque la métastase a lieu d'une articulation sur l'estomac ; l'affection est gastro-ataxique, lorsqu'elle a lieu de l'estomac sur plusieurs organes et sans ordre ; une gastro-bronchite, lorsque la cause se métastase de l'estomac aux bronches ; une gastro-cardite, lorsque la cause se métastase de l'estomac sur le cœur, etc. On ne doit jamais considérer ces affections de deux ou plusieurs organes comme existant à la fois, car le fluide morbifique ne se partage pas ; il n'affectionne jamais qu'une place à la fois. Ce n'est toujours que par métastase, et dans l'expression qu'on doit employer, on doit, si l'on en fait un mot composé, commencer par le nom de l'organe d'où le fluide morbifique part en premier : ainsi gastro-céphalite veut dire métastase de l'estomac à la tête.

Les affections de l'estomac sont très souvent compliquées ; on les reconnaît à des symptômes qui prouvent que l'affection de cet organe est rarement sans métastase, ou, ce qui revient au même, que l'affection des organes voisins est rarement sans métastase sur l'estomac. Ainsi rarement il existe une gastrite simple ; mais on reconnaîtra une gastro-entérite, une gastrite-entérohépatique, une gastro-céphalite ; la douleur se fait sentir encore après le départ de la cause morbifique et le malade accuse deux ou trois points de douleur ; il faut savoir distinguer celui sur lequel passe le fluide morbifique et les symptômes le disent toujours assez ; ces affections doubles ou multiples sont névralgiques.

Lorsque le chyme passe de l'estomac dans le duodémum, il y trouve la bile avec laquelle il se mêle ; il éprouve alors des altérations, encore bien peu connues sous le point de vue chimique ; après l'opération du mélange, la masse est convertie en partie chyleuse et en partie excrémentielle. La sécrétion de la bile dans le duodénum paraît être la source de l'apétit, sa secrétion trop abondante produit la boulimie ou faim canine ; son absence, le défaut d'apétit ; ces deux effets, qui sortent de l'état normal, annoncent toujours la présence de la cause morbifique sur des organes plus simples entrant dans la composition de ces organes plus composées.

L'inflammation du duodénum détermine un afflux de bile dans le duodénum comme l'inflammation l'appelle dans cet organe, et procure aux malades une saveur amère dans la bouche et quelquefois un vomissement bilieux. Le fluide électrique superflu agit sur les différents tissus du duodénum séparément comme il agit sur ceux de l'estomac, il en résulte des conséquences analogues.

Lorsque le fluide électrique superflu agit dans le duodénum, sur l'opération digestive elle-même, il y a dégagement de gaz, et ces gaz qui ne sont que de l'acide carbonique dans l'état normal, prennent l'odeur d'œufs pourris par l'action du fluide électrique superflu. Ces gaz sortent lorsque le pylore et le cardia s'ouvrent, ce qui a lieu lorsque le fluide électrique superflu quitte l'estomac pour le duodénum ou pour la matière qu'il contient.

Les affections du foie sont longtemps sans douleur, à cause de la nature des tissus et l'absence des nerfs de la sensibilité ; le fluide morbifique peut y séjourner sans que les malades s'en doutent et s'en préoccupent ; c'est lorsque ces affections sont chroniques que les malades s'en aperçoivent. La couleur jaune du visage, des tâches plus brunes à la peau et lorsque l'affection s'étend à la vésicule biliaire et aux vaisseaux conducteurs de la bile, la couleur jaune générale si remarquable à la conjonctive en disent assez pour reconnaître les affections du foie ; ces affections sont souvent accompagnées de douleur hémicraniennes et d'affections encéphaliques sans douleur.

Les affections du foie et celles de la substance médulaire étant sans douleur, les malades de ces deux organes par névralgie, ne s'en plaignent pas, parce qu'ils n'en souffrent pas ; ils supportent facilement une gêne légère, et la maladie du foie passe à l'état chronique.

L'affection de la puple médulaire encéphalique, dans les maladies du foie, produit l'atonie de cet organe, par la propriété générale qu'elle a de diminuer ou presque suspendre la circulation ; il y a alors stase du sang dans l'organe, diminution dans la sécrétion de la bile, et, par conséquent, perte d'appétit ; c'est pourquoi les affections morales, qui sont des irritants pour le cerveau, produisent cet effet.

Les hydatides qui se trouvent dans le foie sont le cysticerque linéaire et l'acéphalocyste, toujours enveloppés dans un kyste. La formation de ces animaux dont le germe est vraisemblablement dans le tissu du foie, prennent naissance, selon toute apparence, dans le pus produit par la désorganisation de ce tissu ; ils se développent par l'action du fluide électrique superflu, comme d'autres animalcules se développent dans d'autres organes : le ver solitaire, les lombricaux dans l'estomac.

Les affections de l'estomac et celles du pylore s'annoncent par un visage blanc, pâle, décoloré ; celles du foie par l'épaississement et l'obstruction des canaux biliaires; celles de la vésicule biliaire par la couleur jaune de la peau et de la conjonctive. Les affections peu connues de la rate et du pancréas, s'annoncent par la couleur terreuse, brunâtre, violacée de la peau.

Le vomissement attrabilaire ou la maladie noire d'Hippocrate, paraît avoir pour conséquence une affection du foie et de la rate. Le pancréas est susceptible d'inflammation et d'induration. L'affection de cet organe se fait sentir par une douleur profonde derrière la première et la deuxième vertèbre lombaire. La rate comme le pancréas peut devenir le siége du fluide électrique superflu ; il peut longtemps y séjourner sans douleur, mais son séjour prolongé ou son retour fréquent la rend douloureuse, ou bien se gonfle quelque fois prodigieusement avec ou sans douleur comme dans les fièvres intermittentes. Ce gonflement disparaît aussi vite qu'il est venu, surtout dans les premiers temps de l'affection.

Les névralgies de la rate s'annoncent par des douleurs sourdes, quelque fois lancinantes avec dureté, gonflement, tension de l'hypocondre gauche, se faisant sentir par l'aspiration jusqu'à la clavicule et la gorge. Le décubitus sur le côté droit est impossible ; il est difficile sur le côté gauche. Le pouls est petit, dur, accéléré plus ou moins ; il y a délire. Ces symptômes sont d'autant plus forts que la cause morbifique de la névralgie est intense.

Les symptômes de la névralgie du foie sont : Douleur gravative dans la région de l'hypocondre droit, se faisant sentir quelque fois jusqu'à l'humérus et la clavicule, par-

10

ticulièrement en respirant, et encore par la pression ; toux
sèche, soif ardente, hoquet, vomissements, frissons, impossibilité de se coucher sur le côté gauche, difficile sur
le côté droit. Le pouls est accéléré et fort, la langue est
chargée. La peau est colorée en jaune, les yeux aussi.
Chaleur sèche, insupportable. Constipation ; les déjections sont dures et grises comme la cendre mouillée ; uri-
nes jaunes, colorant les parois du vase ; abattement des
forces. Quelquefois vomissement bilieux.

Les névralgies de l'estomac sont caractérisées par la
chaleur, tension, gonflement de la région épigastrique
avec douleur, surtout à la pression. Frissons, nausées,
vomissements, soif ; douleur de tête se calmant de temps
à autre. Le pouls est petit, concentré, dur, fréquent, inégal, intermittent ; d'autres fois il est gras et plein. Le visage a perdu de sa couleur.

Lorsqu'un malade se plaint d'une douleur sourde qui
occupe toute, la région sur laquelle le diaphragme prend
ses attaches, tout le bord des côtes et l'épine du dos dans
la région lombaire, et lorsque cette douleur s'augmente par
l'aspiration, il y a toute probabilité que la cause morbifique est sur le tissu musculaire de cet organe. Les symptômes de cette névralgie musculaire sont : délire, fièvre
iaguë, constriction dans la région épigastrique et vers le
bord des côtes. Respiration douloureuse dans toute cette
région circulaire, sous le sternum, les fausses côtes et
vers les lombes. En aspirant, cette douleur se fait sentir
vivement ; aussi respire-t-on doucement et à moitié. Nausées, hoquet, anxiété, inquiétude, agitation. Pouls accéléré, dur, concentré, souvent inégal. Quelquefois une toux
petite et sèche. Si le pouls est développé des deux côtés,
c'est une affection musculaire simple, la diaphragmatite.
S'il y a intermittence, le pouls sera faible par intermittence ou faible seulement d'un côté. Ce sera une névralgie musculaire.

Lorsque le pylore est le siége du fluide électrique superflu, il se contracte comme toutes les fibres musculaires,
et cette ouverture du duodénum à l'estomac se trouve
fermée ; il en résulte que les aliments reçus dans l'estomac, arrivés à l'état de chyme par leur réunion avec le
suc gastrique, passent à l'état acide, et cette acidité agissant comme irritant, maintient l'inflammation et la contraction du pylore. Les vomissements sont la conséquence
de cette affection. Cette affection dans ses premiers
temps, est très facile à guérir ; il ne faut pas la confondre
avec les vomissements occasionnés par la présence de
corps étrangers dans l'estomac, comme des vers ou une
excroissance mal placée, comme une loupe.

Il est rare que la membrane musculaire de l'estomac
se trouve être le siége de la cause morbifique sans
que la membrane muqueuse ne participe à l'affection.
Cependant, lorsque les malades éprouvent des besoins
de vomir, lors même qu'ils font des efforts pour les satisfaire et qu'ils ne rendent rien, on peut dire que la membrane musculaire de l'estomac est seule compromise.

Dans l'état de santé, la muqueuse de l'estomac et des
intestins verse une mucosité qui lubréfie continuellement
la surface de ce tissu organisé, et permet le passage facile
et insensible des matières qui glissent à sa surface. Lorsqu'il y a paralysie passagère de cette faculté, la membrane
cesse d'être lubréfiée et le passage des matières ne se fait
pas toujours sans irritation, ce qui peut rappeler la cause
morbifique dans cet organe, dont la fonction est paralysée,
et rétablir la fonction de la muqueuse par névralgie. La
névralgie dont nous voulons parler est ce que produit la
présence de la cause morbifique dans le cerveau, se métastasant sur la muqueuse des voies digestives ; le résultat
est une sécrétion surabondante de mucosités dont la présence délaye les matières fécales et produit le dévoiement.
Cette névralgie par métastase peut se trouver facilement

compliquée. Si l'on n'a pas soin de considérer le dévoiement comme une névralgie, si l'on ne guérit pas le cerveau
avant la muqueuse, le dévoiement ne cesse pas, parce que
la cause morbifique chassée aujourd'hui, peut redescen-
dre demain ; parce que reportée au cerveau, le malade se
croyant guéri se met à manger, et l'irritation produite par
les aliments rappelle la cause morbifique sur la muqueuse.

# CHAPITRE XV.

## Névralgies des intestins.

L'appareil digestif est formé de la bouche , de l'œso-phage, de l'estomac, avec le cardia et le pylore, qui sont ses deux portes d'entrée et de sortie ; du duodénum, du foie sécréteur de la bile, du pancréas dont le rôle est opposé à celui du foie par le liquide pancréatique ; des vaisseaux dits chyliféres ayant leur embouchure sur les parois des intestins, se rendant en se réunissant dans le tronc veineux dit veine cave, qui se rend au cœur ; enfin des intestins petits : le jugéneum et l'illéon ; des gros intes-tins : le cœcum , le colon et le rectum aboutissant à l'anus.

Les vaisseaux chyliféres et les intestins sont composés de membranes muqueuse , musculaire , cellulaire et séreuse ; de vaisseaux sanguins et de nerfs.

Les maladies des vaisseaux chyliféres ou absorbants du chyle sont pour ainsi dire sympathiques avec celles des intestins, les fonctions des premiers étant la conséquence des fonctions des seconds. Ces maladies résultent de l'obs-tacle ou de l'obstruction produites par l'induration du chyle. Cette induration dans les vaisseaux absorbants ne permettant plus le passage du chyle, et par conséquent le renouvellement du sang, le malade se nourrit de ses provisions ; mais l'amaigrissement rapide et le marasme ne tardent pas à se faire voir. Si l'obstruction est complète, le passage du chyle a toujours lieu quoique imparfaitement, le malade maigrit lentement ; si elle s'arrête, si elle se borne, si l'obstruction cesse de faire des progrès, le malade existe, il reste maigre. Dans cette affection, qui est un symptôme de la fièvre hectique , le malade ne souffre pas, il ne peut indiquer le siége de son mal. Ses excréments sortent encore mêlés de chyle, ils sont blanchâtres ou jaunâtres, tantôt liquides, tantôt solides, selon que le fluide électrique superflu s'est métastasé sur la muqueuse ou sur la musculaire des intestins.

Dans les affections morales, tristes, il n'est pas rare de voir le fluide morbifique se métastaser du cerveau sur les vaisseaux chylifères, de sorte que les malades n'éprouvent point de douleur ; le chagrin, comme on dit, les mine, ils meurent, ils expirent dans leur lit en se retournant comme la lampe qui s'éteint au moindre mouvement, parce qu'il n'y a plus d'huile.

Lorsque le fluide électrique superflu qui s'exerce sur la muqueuse des intestins se métastase sur la membrane musculaire, il y a contraction spasmodique ; que ce soit une névralgie, que ce soit une affection simple, il n'y a pas de dévoiement, il y a constipation ; il peut y avoir colique si la cause morbifique se métastase sur la membrane séreuse qui recouvre l'intestin. Dans l'affection de cette membrane séreuse il y a exhalation surabondante de sérosités dans la cavité abdominale.

On connaît ce qui se passe dans les intestins par l'inspection des matières qui en sortent. Les matières qui sortent des intestins indiquent suffisamment s'il y a diarrhée bilieuse, muqueuse, séreuse, lientérique, stercorale, pituiteuse, purulente, putride ; quant à la diarrhée putride, il faut distinguer celle qui paraît être du pus provenant d'un abcès ouvert dans les intestins de la diarrhée putride due à l'action du fluide morbifique sur les matières excrémentielles elles-mêmes ; le résultat de son action est infect.

Dans l'état normal, les excréments ont une odeur puante ; mais lorsqu'ils ont été affectés par le fluide électrique superflu, leur odeur est insupportable ; ces matières altérées par le fluide morbifique doivent être évacuées promptement, car elles sont irritantes et attirent la cause morbifique qu'elles retiennent. Comme tous les irritants, elles peuvent d'ailleurs être absorbées et porter dans le système de la circulation un chyle altéré et dangereux ; les miasmes que répandent ces matières produisent la contagion comme dans le typhus.

Les symptômes de ces affections névralgiques, sont : douleur sourde, profonde, quelquefois ardente et très aiguë, se faisant sentir tout-à-coup ; constipation ou dévoiement. Langue rouge, sèche ; soif, borborygmes. Pouls dur, accéléré, concentré, inégal, faible de temps à autre sur un ou sur les deux poignets ; abattement, agitation, redoublement le soir, froid aux extrémités. Gonflement, météorisme, hoquet.

L'affection névralgique du péritoine ou de son grand repli, nommé épiploon, s'annonce par les symptômes suivants : douleur plus ou moins aiguë, selon l'intensité du fluide électrique superflu ; tumeur dans la région du nombril et autour, tension et tuméfaction du ventre, redoublement le soir ; délire, hoquet, assoupissement et autres symptômes par métastase. Pouls accéléré, petit, concentré, douleurs de tête. Le ventre peut être libre, mais quelquefois les douleurs se font sentir violemment à la suite d'un refroidissement intense très rapide, de sorte qu'un malade qui paraîtra bien portant se trouve tout d'un coup, et sans cause appréciable, saisi par une douleur très violente. Effrayé par cette douleur, la cause morbifique remonte au cerveau et produit la mort par la peur qui paralyse les mouvements du cœur.

Les symptômes de la névralgie des muscles et des téguments du ventre, sont : douleur très sensible dans cette région, tension, gonflement, chaleur et rougeur ; la douleur disparaît quelquefois tout-à-coup et reparaît de même. Le pouls est accéléré, dur et fort, ou petit, concentré, fréquent, selon la place qu'occupe le fluide morbifique. La respiration augmente la douleur ; il y a quelquefois vomissements, hoquet par métastase, agitation, inquiétude, le corps plié en avant. On comprend que les muscles, le tissu cellulaire qui les enveloppe, la membrane séreuse de l'intérieur du ventre, peuvent devenir alternativement le siége du fluide électrique superflu.

Le bruit des gaz dans les intestins ou borborygmes, annoncent la présence du fluide électrique superflu sur la muqueuse ; il peut dans certains cas s'exercer sur la musculaire. Alors il y a constipation, le malade est échauffé, comme on le dit dans le monde.

La membrane musculaire, quoique accolée à la muqueuse, peut être affectée névralgiquement toute seule ; cependant, à cause du voisinage, il y a souvent métastase, de sorte qu'alternativement il y a ou il peut y avoir dans les intestins une sécrétion abondante de mucosités lorsque le fluide est sur la muqueuse, et resserrement de la musculaire lorsque le fluide revient sur celle-ci. Cet état produit les borborygmes. La présence seule du fluide par métastase sur ces deux membranes produit le bruit qu'on entend ; de sorte que ce bruit est un moyen de réconnaître la présence du fluide électrique superflu dans l'organisme, ainsi qu'on le reconnaît dans l'athmosphère par le bruit du tonnerre.

Lorsque le fluide électrique superflu s'exerce dans le voisinage du rectum sur la membrane musculaire, les malades sont constipés, ils ont des pincements colliquatifs qui les forcent à aller à la selle ; ils éprouvent une certaine pesanteur qui leur fait présumer une évacuation abondante, et cependant ils ne rendent rien, ou presque rien, quelquefois une mucosité épaisse et sanguinolente. Ce sont des épreintes.

La constipation habituelle est encore l'effet de la présence continue du fluide électrique superflu dans le tissu musculaire des intestins, ou seulement du rectum ; le malade ne le sent pas, son séjour habituel produit des tubercules en se combinant avec les miasmes des matières non évacuées ; il produit aussi des fistules, des hémorroïdes, en un mot, toutes les maladies de cette région. Lorsqu'un malade de cette région fait des efforts pour aller à la selle, pour satisfaire un besoin trompeur, ses efforts suffisent pour occasionner la chute du rectum ou d'autres maladies.

L'action du fluide électrique superflu sur les vaisseaux hémorroïdaux produit les hémorroïdes, c'est-à-dire la dilatation des veines, l'écoulement du sang ; quelquefois l'action du fluide agit d'une manière périodique, comme les menstrues chez les femmes. La suppression des hémorroïdes fait souvent place à d'autres maladies ; mais en connaissant la cause morbifique qui produit les hémorroïdes, on peut les ramener à leur premier état en rétablissant leur siége au rectum, et on éloigne par conséquent la cause morbifique des autres organes, et ses effets sur ces organes disparaissent par conséquent.

Les veines hémorroïdales forment souvent des tumeurs rouges, douloureuses, dures, qui paraissent quelquefois au dehors et fournissent souvent, après avoir été à la selle, plus ou moins de sang, qui s'arrête assez facilement, parce que, pour peu que le malade s'en effraie la cause morbifique remontant au cerveau, le sang doit s'arrêter. Il est rare que la cause des hémorroïdes ne se métastase pas dans le voisinage et ne produise d'autres symptômes étranges.

On croit dans le monde que les hémorroïdes sont un certificat de longue vie et de bonne santé ; il ne faut pas se le dissimuler, lorsque la cause morbifique est sur un point presque insensible, c'est comme si elle n'existait pas. Mais celui qui a des hémorroïdes ne doit pas oublier que la cause de cette affection peut se métastaser et produire chez lui toutes les maladies possibles ; car toutes les affections du sang et du sang lui-même peuvent se présenter névralgiquement, c'est-à-dire concuremment avec une affection du cerveau.

La présence des vers dans les intestins et en particulier des ténias, des ascarides, des lombricaux, produisent des coliques, des pincements, des irritations qui attirent la cause morbifique dans les intestins, et encore d'autres phénomènes qu'il est quelquefois difficile d'apprécier et auxquels on serait embarrassé d'assigner la véritable cause. Cependant, il est facile aujourd'hui de distinguer les coliques, les douleurs, les pincements et les irritations produites par le fluide électrique superflu, de celles qui seraient l'effet du poison et des vers, parce que les premières obéissent à des moyens métastasants et curatifs, tandis que les autres n'obéissent qu'à des moyens très différents.

# CHAPITRE XVI.

## Névralgies des organes des voies urinaires.

Les organes qui composent l'appareil des voies urinaires sont : les reins, formant deux régions ; les urétères, sortes de conduits qui portent l'urine des reins à la vessie ; la vessie, sorte de sac membraneux ; la prostate, corps glanduleux situé au devant du col de la vessie ; l'urètre, canal par où sort l'urine. Ces organes sont formés de membranes muqueuses, musculaires, cellulaires, séreuses ; de muscles et de nerfs. Leur fonction est de sécréter l'urine provenant du sang.

L'inflammation des reins est toujours le résultat de la présence du fluide électrique superflu sur ces organes, quelle que soit la cause irritante qui l'a attirée ; il se fait sentir avec douleur dans l'une ou l'autre région rénale, quelquefois dans les deux, quoique le fluide ne se divise pas, mais parce que la métastase est ordinaire sur deux organes pairs. L'affection des reins se fait sentir aux urétères et à la vessie, encore par métastase.

Les symptômes des névralgies des reins, sont : Douleur obtuse, puis aiguë, pulsative, se faisant sentir dans la région des reins, alternant avec des frissons ; envie de vomir par métastase, urine rouge en petite quantité, parfois rétention d'urine avec douleur à l'extrémité de l'urètre. Redoublement au coucher du soleil. Pouls plein et fort, accéléré, puis petit, dur, intermittent, inégal.

Lorsque la sécrétion de l'urine est supprimée dans l'un des reins, elle peut avoir lieu dans l'autre et d'une manière suffisante. Cette suppression est produite par la paralysie passagère ou persistante du rein affecté, ou par l'induration, la suppuration du rein, et à moins que les deux organes sécréteurs de l'urine ne soient affectés en même temps, on s'aperçoit facilement du défaut absolu d'uriner, qui est impossible dans tout autre cas et dans tout autre circonstance. Mais si l'urine est totalement empêchée par la présence d'une tumeur dans les reins, par celle d'un calcul, par une sécrétion muqueuse plus ou moins épaisse et abondante de descendre dans la vessie par les urétères, cela devient extrêmement grave. Cet état est toujours précédé d'une douleur grave dans la région lombaire, par un point douloureux, pongitif, obtus, dans les divers mouvements du tronc, et surtout pendant la marche ; l'accumulation de l'urine dans la vessie devient presque nulle : avec la sonde introduite dans son intérieur on n'en trouve point. Il peut survenir dans cette maladie des vomissements avec saveur et odeur urinaire, anxiété, hoquet, fièvre ardente, hydropisie, somnolence, apoplexie, stupeur, convulsions, œdème, sueur urineuse, enfin rupture de l'organe, épanchement dans l'abdomen et la mort plus ou moins prompte selon l'intensité du fluide électrique superflu et le degré de désorganisation produite par son action prolongée.

La suppression de la sécrétion de l'urine des reins peut encore être produite par métastase du fluide électrique superflu s'exerçant sur d'autres parties du corps : comme dans les maladies inflammatoires, la péripneumonie, la pleurésie, l'inflammation de l'estomac, les fièvres intermittentes; les affections goutteuses, rhumatismales, catarrhales, scorbutiques, varioleuses, et autres exhantématiques, répercutées sur les reins. Les substances âcres, alcalines, nitrées, et les cantharides en poudre, ingérées dans l'estomac, déterminent souvent une rétention d'urine dans les reins.

Toutefois que l'un ou l'autre des urétères ne permet plus un libre passage à l'urine secrétée par l'action des reins, il en résulte rétention, produite par le fluide électrique superflu; le plus souvent il y a inflammation, calcul ou gravier, paralysie passagère ou persistante; quelquefois un caillot de sang, un amas de pus, etc. Les symptômes caractéristiques de la rétention des urétères diffèrent très peu de celle des reins; quoique cependant la douleur soit beaucoup plus rapprochée de l'hypogastre et de la vessie.

Lorsque le fluide électrique superflu s'exerce sur la muqueuse de la vessie, il y a surabondance d'urine; sur la membrane musculaire, la vessie se resserre, il y a besoin fréquent d'uriner, quoique la vessie contienne très peu d'urine. Si le fluide se métastase sur le sphincter qui appartient au même tissu, il y a impossibilité d'uriner, avec le besoin de le faire. La rétention d'urine est au canal de l'urètre ce que les épreintes sont au rectum, c'est la présence du fluide morbifique sur les nerfs de la sensibilité, chargés de faire connaître au cerveau les besoins d'évacuer les résidus.

On se hâte trop, dans ce cas, d'employer la sonde; ne vaudrait-il pas mieux, au lieu d'employer un moyen irritant qui retient la cause morbifique sur la vessie, l'éloigner par des moyens capables de faire cesser les symptômes par la disparition de la cause.

Les symptômes des affections de la vessie sont : induration, douleur sensible par la pression dans la région hypogastrique et dans le périné. Efforts inutiles, violents, douloureux pour uriner. Si la métastase a lieu sur le sphincter, si le malade peut uriner c'est seulement goutte à goutte ; si l'urine est muqueuse, la métastase est dans l'intérieur ; s'il y a besoin fréquent d'uriner avec difficulté et que l'urine soit claire comme du vin blanc trouble, c'est le catarrhe névralgique de la vessie. Le pouls est dur, fréquent, plein ou petit, accéléré, concentré ; délire si la cause est intense.

Lorsque le tissu musculaire de la vessie se trouve être le siége du fluide morbifique, il y a épaississement même de la vessie. On peut sentir la vessie à travers les téguments comme un corps dur qui se couche à droite ou à gauche. On peut encore reconnaître facilement cet état en introduisant le doigt par le rectum chez l'homme, et par le vagin chez la femme.

Lorsque la fibre musculaire de la vessie se trouve affectée par le fluide morbifique, la vessie est contractée; cette affection est rarement seule, elle est presque toujours compliquée de celle de la muqueuse ou de celle du sphincter de la vessie. Lorsqu'elle est compliquée de l'affection de la muqueuse, il y a besoin d'uriner fréquemment un liquide clair presque comme de l'eau mêlée d'urine. Lorsque l'affection de la muqueuse se trouve compliquée de la musculaire, il y a non-seulement besoin d'uriner fréquemment, mais l'urine est plus abondante à chaque fois ; lorsque l'affection s'étend au sphincter, celui ci est contracté et l'urine ne sort pas, ou bien elle ne sort que goutte à goutte et avec douleur ardente. Lorsque le fluide morbifique s'exerce sur la prostate, cette glande peut être altérée profondément sans que le malade s'en plaigne ; lorsqu'il en parle, elle est souvent en pleine suppuration, il y a douleur en urinant, avec ténesme.

La strangurie ou envie fréquente d'uriner est souvent occasionnée par métastase du fluide morbifique sur l'urètre, s'exerçant sur d'autres parties très éloignées, comme dans une maladie des reins, des urétères, de la vessie, de l'utérus, du rectum, ou de tout autre partie ; l'àcreté même de l'urine en est souvent cause, ainsi que l'inflammation, l'irritation, l'excoriation, l'induration, la contraction spasmodique de l'urètre ou de la prostate, etc. Les symptômes de cette affection névralgique, sont : dureté, gonflement, tension, douleur, difficulté d'uriner ou ardeur en urinant ; quelquefois chatouillement dans l'intérieur, ce qui pendant la nuit produit l'érection et augmente encore le mal. Pouls élevé, fréquent, plein, quelquefois faible, insomnie ; suintement d'une matière variable.

Le fluide électrique superflu, s'exerçant sur la muqueuse de la vessie et sur le sphincter, produit l'incontinence d'urine ; cette affection est commune chez les enfants et chez les vieillards ; elle n'a lieu dans les premiers que pendant le sommeil ; mais les autres y sont exposés dans tous les temps. Il faut dinstinguer l'incontinence d'urine sans douleur par paralysie passagère ou chronique de l'incontinence par affection de la membrane muqueuse de la vessie. Dans le premier cas, le malade ne peut retenir son urine, celle-ci est colorée, elle sort sans douleur, c'est une névrose ; dans le second cas il y a ténesme, et l'urine est trouble, presque incolore, c'est une névralgie.

La cystite, ou l'inflamation de la vessie, a rarement lieu sans que le fluide électrique superflu s'exerce sur le liquide qu'elle contient ; il en résulte un dépôt qui peut, plus tard, contribuer à la formation d'une concrétion plus ou moins complète, selon les principes de l'urine auxquels s'adressera le fluide : Les solides redeviennent fluides ou liquides lorsqu'un agent approprié détruit la cohérence de leurs molécules composantes ; les fluides et les liquides sont de même succeptibles de devenir concrescibles par différents moyens, soit parce qu'ils fournissent les matériaux des solides, soit parce qu'ils contiennent différents sels ; tels sont ceux des voies urinaires, biliaires, sali-

vaires, qui sont formés par des glandes, et versés par des
canaux excréteurs plus ou moins prolongés, dans des
réservoirs particuliers pour être évacués comme excréments.

Les expériences d'Aldini, neveu de Galvani, et de
plusieurs autres physiciens, ont démontré que la présence
du fluide électrique dans l'urine produisait un dépôt de
graviers et de calculs urinaires ; aussi il n'est pas rare
de voir un malade affecté de la vessie par le fluide électrique superflu lorsqu'il reçoit son urine dans un vase de verre,
ce vase couvert à l'intérieur d'une croûte qui se dépose et
s'épaissit assez rapidement sur ses parois ; mais ce qu'il
y a de plus remarquable, dans certains cas, c'est que lorsque
le fluide électrique superflu ne s'exerce plus sur la vessie,
le dépôt ou le gravier disparaît, parce que l'urine qui
vient ensuite, dissout ce dépôt en entraîne ce gravier ;
de sorte qu'on serait tenté de croire que bien des hommes se seraient trouvés, dans le courant de leur vie,
menacés de concrétions dans la vessie sans le savoir et
cette malheureuse situation aurait disparu fortuitement
sans qu'ils pussent se douter des obligations qu'ils pouvaient en avoir à qui de droit.

Les graviers et les calculs urinaires se forment presque toujours dans les reins : peu à peu ils descendent
dans la vessie par les urétères, ils acquièrent divers degrés
de consistance et de grosseur ; on en rencontre encore
dans l'urètre, et enfin dans les tissus cellulaires environnants.

Quelle que puisse avoir été la cause première, interne
ou externe qui ait donné lieu à la formation d'un calcul
dans les reins, dès l'instant où il est parvenu à un certain
volume et qu'il ne peut plus traverser par les urétères
pour arriver à la vessie, il n'est guère possible de calculer
quels pourront être les accidents consécutifs ; il n'existe-
rait que d'un seul côté, que les tourments affreux qu'il

occasionne, la suppuration dont il est la cause, et le marasme, sont plus que suffisants pour faire périr le malade, si l'on ne prend des précautions dans les premiers temps de la maladie.

On reconnaît qu'un calcul est arrêté dans l'urétère, à tous les signes caractéristiques de celui qui est dans les reins, auxquels il est encore nécessaire d'ajouter la douleur sourde et profonde qui s'étend jusques dans la région pelvienne; outre la dilatation de ce canal, occasionnée par l'accumulation de l'urine, il peut survenir rupture, épanchement, si l'on ne parvient pas à la faire avancer assez pour descendre dans la vessie; tous les symptômes observés ne peuvent que servir par la suite pour confirmer le calcul de la vessie.

Beaucoup plus communs chez les hommes que chez les femmes, plus ordinaires chez les enfants que chez les adultes, les calculs de la vessie se forment presque toujours dans les reins : peu à peu ils descendent par les urétères dans la vessie; là par des couches successives, ils acquièrent divers degrés de consistance et de volume; on en a vu de tellement gros, qu'ils remplissaient sa capacité toute entière; plus ou moins ronds, aplatis, grumelés, tantôt ils sont mous, friables, durs, presque toujours placés dans le bas fond du réservoir de l'urine, ils gênent considérablement son émission; leur couleur varie depuis le rouge orangé jusqu'au blanc laiteux, sale, noirâtre. Leur nombre extrêmement variable, en détermine presque toujours la forme; plus il est considérable, plus ils diffèrent par leur consistance et leur surface arrondie, triangulaire, lisse et polie. Quelque soit le corps étranger qui puisse s'introduire ou être introduit dans la vessie, pour peu qu'il y s'éjourne, il forme la base autour de laquelle le phosphate calcaire acquiert la consistance pierreuse, et devient par conséquent le noyau d'un calcul.

Les signes auxquels on reconnaît la présence d'un cal-

cul dans la vessie, sont des douleurs constantes à l'hypogastre, au périnée, un prurit incommode et douloureux
qui se prolonge jusqu'à l'extrémité du gland, même après
une abondante émission de l'urine ; son retour dans les
changements de position ; souvent l'urine est chargée de
matières purulentes et sanguinolentes ; il y a impossibilité de monter à cheval, d'aller en voiture ; un ténesme
plus ou moins opiniâtre achève de tourmenter le malade.

Des graviers gros ou petits peuvent se trouver engagés
dans toute l'étendue de l'urètre, y produire des douleurs
plus ou moins vives surtout lorsqu'ils sont inégaux ou
anguleux ; s'ils éprouvent de l'obstacle et qu'ils s'arrêtent,
l'émission de l'urine se fait mal et peut même ne pas avoir
lieu, produire la rupture des fibres qui en composent la
texture, et occasionner des épanchements, des abcès uri-
neux suivis de fistules.

Dans toutes les affections de la vessie, de l'urètre et de
ses dépendances, il peut arriver que le malade rende du
sang quelquefois pur, quelquefois mêlé d'urine. Si c'est
pour la première fois que l'hématurie se présente, ce n'est
pas dangereux ; si c'est à la suite d'une maladie ancienne
des organes du bas-ventre, il faut s'empresser d'y remé-
dier. L'hématurie, ou pissement de sang passager, peut
avoir lieu à la suite d'une course à cheval ou d'un coup,
d'une chute, qui appelle le fluide électrique superflu sur
la vessie ; mais il peut avoir lieu aussi à la suite de toute
autre cause irritante et peut cesser, pour ainsi dire, tout
seul. Il faut s'occuper soigneusement de l'hématurie qui
vient à la suite d'une affection ancienne de la vessie,
parce que le vaisseau par lequel le sang sort est peut-être
ouvert par un point en suppuration.

# CHAPITRE XVII.

## Névralgies des organes de la génération.

Le fluide électrique superflu s'exerce plus souvent qu'on ne le croit sur les organes conservateurs de l'espèce, puisqu'il suffit d'une pensée obscène pour qu'une réaction ait lieu sur ces organes. Lorsque ce fluide superflu, attiré par le calorique du sang, s'exerce sur ces organes, il détermine le satyriasis, des pesanteurs, des gonflements de toutes les parties, ensemble ou isolément ; il peut aussi s'exercer par métastase sur plusieurs d'entr'eux, comme cela arrive le plus ordinairement dans ces moments que nous n'avons pas besoin de décrire ; il peut aussi se porter isolément et se fixer sur l'un ou l'autre de leurs tissus.

L'action du fluide électrique superflu sur ces organes est plus ou moins forte, selon son intensité. Dans le tissu cellulaire il produit le phymosis, le paraphymosis et un gonflement douloureux ; il produit l'engorgement plus ou moins complet de l'urètre et de ses annexes, avec douleur et écoulement catarrhal ou gonorrhée. Mais cette affection n'est pas toujours simple ; à la gonorrhée peuvent se joindre des ulcérations, avec dureté, gonflement, tension, douleur, difficulté d'uriner ou ardeur en urinant ; quelquefois chatouillement dans l'intérieur, ce qui, pendant la nuit, produit l'érection et augmente le mal. Pouls élevé, fréquent, quelquefois faible, insomnie; suintement d'une matière verdâtre qui a reçu le nom de gonorrhée.

Le gonflement, l'induration du tissu de l'enveloppe cutanée des testis, suivie quelquefois d'ulcères consécutifs, sont produits par l'action plus ou moins prolongée du fluide superflu dans ce tissu. Le dartos lui-même est soumis à l'induration et présente quelquefois une tumeur qu'on peut prendre pour un sarcocèle ou pour plusieur sarcocèles, soit qu'il y ait plusieurs tumeurs qui disparaissent quelquefois par hasard. Il donne quelquefois naissance à des tubercules qui, avec le temps, ne seront plus réductibles et qu'il faudra enlever.

Le fluide électrique superflu produit encore, s'exerçant sur la membrane séreuse, l'hydrocèle ; sur les cordons spermatiques, il produit l'engorgement de ces cordons. Ce fluide morbifique produit encore l'hypertrophie et l'induration de la tunique albuginée ; on la trouve quelquefois passée à l'état cartilagineux et même osseux.

Les malades éprouvent dans ces affections une pesanteur et un gonflement sur un testis ou sur les deux et dans le cordon spermatique, avec élancements. Frissons, malaises, lassitudes, impossibilité de marcher et de se tenir debout, pouls accéléré, plein et dur. Soif, insomnie.

Dans les corps caverneux, il produit l'érection douloureuse et sans désirs, qu'on nomme le priapisme.

Les besoins des organes de la génération se font sentir, lorsque le fluide électrique superflu s'exerce sur les vésicules séminales d'une manière persistante; il produit des éjaculations involontaires et trop fréquentes d'un sperme ordinairement abondant et liquide, qui épuise les malades. L'action de ce fluide sur ces vésicules produit des effets analogues à ceux qu'il produit sur toutes les membranes muqueuses, en augmentant aux depends du sang le liquide

de la localité. Si le fluide se fixe longtemps sur les vésicules séminales il produit une affection catarrhale de la
muqueuse, qui épuise bientôt le malade si on n'éloigne pas
la cause morbifique.

Les névralgies des organes de la génération chez la
femme comprennent les affections du tissu médullaire
unies par métastase à celles des organes de la génération.
Mais les affections du système nerveux étant peu connues,
on dit souvent : cela se passera à l'époque de la puberté
ou après l'accouchement ; en effet, à cette époque des-
tinée à un mouvement vers les organes génitaux, le fluide
superflu se porte par métastase du cerveau à ces organes ;
il en résulte qu'en effet les affections d'en haut cessent
tout à fait, ou seulement avec des intermittences; mais
d'autres affections les remplacent en bas, ce sont toutes
les affections inflammatoires des organes de la génération,
savoir : le satyriasis, des pesanteurs, des gonflements de
toutes les parties, ensemble ou isolément, et lorsque le
fluide morbifique s'exerce dans le vagin, il y a des élancements ; s'il s'exerce sur l'intérus, il y a des hémorra-
gies, que les femmes prennent pour les menstrues, des
douleurs en avant du sacrum ; après le départ de la cause
morbifique il y a des écoulements ou des démangeaisons.

Les organes de la génération chez la femme sont :
en parties externes et en parties internes : les externes
sont les grandes et les petites lèvres, le clitos, le méatu-
rinaire et la vulve ; les parties internes sont : le vagin et
l'uterus, les ovaires, etc.

Les maladies des parties externes sont de véritables
affections du tissu cellulaire cutané : ce sont des engorgements, des phlegmons, des ulcérations, en un mot, les
maladies dont la peau peut se trouver affectée dans toutes
les parties du corps.

La nymphomanie est un jeu métastatique du fluide
électrique superflu, sur tous les organes du même appa-

reil, concourant au même but. Dans ce cas, il y a gonflement et des besoins illicites, qui se présentent à tout
âge, mais particulièrement à l'époque de la puberté et
du développement des organes de la génération. Si le
fluide superflu est très iutense et qu'il s'exerce sur un
tissu ou sur un organe de cet appareil, ce n'est plus un
jeu, mais une inflammation qui se fait sentir plus ou
moins douloureusement, selon le tissu sur lequel il
s'exerce.

Lorsque le fluide superflu s'exerce sur les grandes lèvres, il produit des phlegmons ou des ulcérations, sur les
petites lèvres également. Si ce fluide morbifique s'exerce
sur le clitos, il produit le satyriasis ou une inflammation
qui peut être très douloureuse avec prurit, qu'il faut attribuer à la présence d'animalcules qui obligent le frotte-
ment. Ces démangeaisons peuvent se présenter à tout âge;
il faut, lorsqu'on s'en aperçoit chez les enfants, se hâter de
les guérir, afin de leur éviter des découvertes qu'ils ne
manqueraient pas de faire. Lorsque par l'affection du
lobe médian du cervelet, l'homme est porté malgré lui à
sortir des obligations, des règles de la chasteté, il y est
entraîné par les titillations occasionnées par ces animalcules qu'il faut chasser.

Les affections des parties internes sont : l'inflammation
du vagin, des élancements dans l'utérus, la contraction
musculaire des trompes de Faloppe, l'inflammation des
ovaires. Le fluide électrique superflu s'exerçant sur la
membrane du vagin produit une inflammation, laquelle
se fait sentir comme une pesanteur au bas-ventre; si le
fluide superflu est intense, il semble aux malades que le
ventre va s'ouvrir par le bas; le liquide qui s'écoule pendant la présence du fluide sur la membrane vaginale est
muqueux, c'est une liqueur catarrhale transparente.
Lorsque le fluide morbifique quitte le vagin pour se porter
plus haut, dans le mésentère et jusqu'à l'estomac, les

malades éprouvent des tiraillements, un écoulement blanc
sort de la vulve. Cette liqueur est bien différente de la
première : celle-ci est blanche comme du lait, écailleuse
quand elle est sèche. On la nomme dans le monde flueurs
blanches de fluor. Dans certains cas il y a ulcération, et
la contagion a lieu par le contact d'un corps plus chaud
que celui qui est le siége du fluide morbifique, pour que
celui-ci quitte la place, on comprend facilement la métastase ; d'ailleurs, ne sait-on pas que la friction attire le
fluide électrique superflu, et que toutes les pointes le sou-
tirent.

Les symptômes des affections du vagin sont : gonflement, chaleur, rougeur, douleur, difficulté de marcher.
Constipation par métastase, espèce de châtouillement par-
tant du clitos, frissons par métastase. Souvent difficulté
d'uriner, gonflement de l'urètre.

Lorsque le fluide électrique superflu s'exerce sur l'utérus il produit la métrite qui se fait sentir par des élancements à la hauteur de quelques centimètres au-dessus du
bas-ventre ; ces élancements précèdent assez ordinairement
les menstrues. Lorsque ces élancements se répètent hors
l'époque des menstrues, il faut s'occuper d'en chasser la
cause, car son séjour peut, selon son intensité, produire
l'hystéralgie, des douleurs atroces, la métrorrhagie ou
perte de sang, la ménorrhagie ou les menstrues trop
abondantes. Il ne faut pas oublier que les élancements
sont le commencement de l'ulcération ; le fluide électrique
superflu, par son séjour prolongé sur l'utérus, produit
des indurations et, à la suite de l'engorgement au col de
l'utérus, des tubercules ; puis, avec le temps, la suppura-
ration de ces engorgements et de ces tubercules, particulièrement à l'époque de la cessation des menstrues. Tous
ces phénomènes se produisent, sans que pour cela le
fluide morbifique quitte sa place, et les douleurs attachées
aux dechirements des tissus se font sentir ; ces douleurs

sont atroces, parce que ce sont les seules qui ne peuvent se calmer, la cause morbifique ne pouvant se déplacer.

Les élancements indiquent une affection de l'utérus, comme les pesanteurs dans la même région indiquent l'affection du vagin. Lorsque les élancements ont cessé, s'ils ont duré un certain temps, alors commence un écoulement verdâtre; si cet écoulement est peu abondant, il y a ulcère à l'utérus. Si cet ulcère attire la cause morbifique qui le produit, l'écoulement cesse et les élancements recommencent. Si la malade ne s'occupe de sa guérison, parce que ce qu'elle éprouve, loin d'être douloureux, est au contraire très supportable, il arrivera une époque où la maladie sera chronique, et l'ulcère sera très grave, et augmenté par des affections des tissus et des glandes du voisinage. Il faut prendre cette maladie à son début, elle est facile à guérir alors; plus tard, elle ne le sera plus; car, beaucoup de femmes, par pudeur, n'osent parler de ce qu'elles éprouvent dans cette région, et la cause morbifique s'installe et produit à la longue des altérations, des désorganisations et tous les phénomènes les plus funestes.

Lorsque le fluide électrique superflu s'exerce sur les fibres musculaires de l'utérus, il produit la ménastasie, la rétention du sang des menstrues dans l'utérus, et, à la suite les tumeurs fibreuses; mais si le fluide se porte et s'exerce sur le sang, il en résulte une altération putride dont la présence produit les accidents les plus graves.

Lorsque les mentrues ne paraissent pas, quoiqu'elles devraient paraître, la malade éprouve des élancements à l'utérus; il y a quelque fois des contractions de la fibre musculaire de cet organe, produites par la présence du fluide morbifique sur ce tissu, qui retiennent de temps à autre le sang.

L'hémorragie de l'utérus peut être active, si le fluide morbifique s'exerce sur l'utérus; ou bien l'hémorragie peut être passive, parce que alors le fluide morbifique

s'exerce sur le système nerveux, le pouls est faible. Dans
l'un comme dans l'autre cas, il faut pour arrêter l'hémorragie , chasser ou déplacer le fluide morbifique du point
qu'il affecte. Si l'hémorragie était la suite de l'emploi de
substances emménagogues , vénéneuses , il faudrait s'y
opposer par d'autres moyens bien différents de ceux que
l'on emploie dans les premiers cas.

Lorsque le fluide électrique superflu s'exerce sur les
ovaires, il produit une inflammation, une douleur dans la
région des ovaires, avec gonflement et engorgement, tuméfaction, pesanteur, difficulté de marcher, et même d'aller en voiture sans douleur.

Les symptômes qui caractérisent les affections de l'utérus sont : douleurs violentes, pulsatives, lancinantes, dans
la région hypogastrique, à la hauteur de l'utérus, tension
douloureuse de cette région ; la douleur s'étend aux lombes et au coccix. Douleur de tête en avant, au-dessus des
orbites. Difficulté de remuer les cuisses. Col de l'utérus
dur et chaud. Soif, agitation, envies d'uriner, ténesme ,
redoublemement le soir. Pouls plein , dur, fréquent, puis
petit, concentré, accéléré, souvent inégal.

Lorsque le fluide électrique superflu s'exerce sur les ligaments de l'utérus , il détermine la contraction, le ramollissement et le relâchement de ces ligaments ; ces contractions ou ces relâchements déterminent la chute ou le
renversement de l'utérus ou du vagin. La malade éprouve
dans ce cas : des douleurs de reins et dans le pli de l'aîne ,
un sentiment de pesanteur à la région hypogastrique, de
la difficulté dans la marche, le ténesme, accompagné de
l'incontinence ou de la rétention d'urine. Le renversement du vagin se reconnaît à une protubérance annulaire,
cylindrique, inégale, avec des plicatures sans qu'il y ait
apparition du col de l'utérus ; mais on le rencontre à une
très petite hauteur en introduisant le doigt dans le reste
de la cavité ; il augmente par la station continuelle sur

12

les pieds, tandis qu'il diminue dans le décubitus. L'inversion de l'utérus se reconnaît par un gonflement hémis-
phérique inégal, sans ouverture à sa partie la plus déclive,
serrée par son col comme par un anneau; il y a douleur
aiguë, ténesme, difficulté d'uriner; lorsque l'inversion
augmente, il survient hémorragie plus ou moins considérable, et tout ce qui peut avoir rapport aux accidents nerveux poussés à l'extrême.

L'hystérie est une névralgie dont les jeunes filles ne
sont pas exemptes. On s'en aperçoit lorsqu'elles se plaignent d'inflammation, de douleur ou de demangeaisons
aux parties; si on ne les soigne pas avec attention, si le
pouls est faible par exemple, elles seront hystériques plus
tard, et quand l'âge de la puberté sera arrivé, la maladie
sera déja chronique. On parlera de mariage, mais le mariage est un moyen de guérison bien douteux; si par
exemple le remède est usé, on aura une part de reproches
à se faire peut-être. Le véritable moyen de prévenir et de
guérir cette maladie, c'est d'éloigner le fluide électrique
superflu du cervelet et de la région utérine. Ce qu'on
nomme des attaques de nerfs ou hystériques ne sont autres que des névralgies musculaires, produites par la présence du fluide électrique superflu, s'exerçant tantôt sur
les muscles des bras, sur ceux des jambes, tantôt sur ceux
du dos, de la poitrine, etc. C'est à tort que l'on fait respirer trop souvent du vinaigre ou de l'alcali volatil aux personnes qui ont des attaques dites de nerfs, car les irritants
sur les nerfs olfatifs attirent le fluide électrique superflu
et font cesser les symptômes du moment, pour les remplacer par la perte de l'odorat, que la présence du fluide
morbifique sur les nerfs olfactifs produit toujours en les
paralysant. C'est encore un moyen de fixer le fluide morbifique sur le cerveau dont on veut le chasser.

Nous ne terminerons pas ce chapitre sans faire bien
distinguer la différence qui existe entre l'inflammation et

l'irritation. L'inflammation suppose toujours la présence du fluide électrique superflu, douloureuse dans quelques parties, supportable dans d'autres, agréable sur d'autres. L'irritation est toujours produite par tous les moyens qui appellent ou portent le sang sur ces parties et par conséquent le colorique, qui attire le fluide superflu, cause de l'inflammation. On sait bien que l'inflammation ne suit pas toujours l'irritation ; mais ce sont des principes généraux qu'il ne faut pas oublier. L'inflammation tardera d'autant moins à suivre qu'elle sera plus dans le voisinage.

# CHAPITRE XVIII.

## Des crises.

Lorsque le fluide électrique superflu s'est exercé long-temps ou vivement sur le même point de l'organisme, il a produit sur ce point une altération, une matière morbide toujours en rapport avec le tissu altéré, et encore avec la nature des liquides qui circulent sur ce point ; mais s'il est rare qu'un seul tissu soit attaqué isolément, cepen-dant on en a des exemples, l'affection prolongée ou vio-lente du tissu cellulaire, par exemple, donne pour crise une sueur collante ; mais dans ce tissu même qui sert de support à tant de vaisseaux , qui charrient des liquides si différents, les crises sont en rapport avec la nature des liquides qui circulent dans ces vaisseaux. Or, les uns con-tiennent du sang veineux, les autres du sang artériel, d'autres de la lymphe, etc. ; il en résulte, selon le degre de force du fluide qui séjourne sur ces liquides, des indu-rations, des tubercules, etc. Lorsque ces tumeurs se sont ramollies, alors une matière liquide, blanchâtre, inodore, épaisse, se fait jour au travers des téguments qui s'ulcèrent après quelques jours d'une douleur pulsative. Cette matière morbide est composée de gélatine, produit de l'action du fluide électrique superflu sur le tissu cellulaire, d'albumine, produit d'autres tissus, divisée par la formation d'un peu d'ammoniaque, etc.

Le fluide électrique superflu s'exerçant à la surface d'un ulcère ouvert, l'entretient, et son action sur les matières morbides qui s'y forment donne naissance à des animalcules d'espèces différentes, peu connus autrement que par leur action, par les prurits qu'ils produisent et la nature différente des dépuratifs qu'il faut employer pour réussir à les attirer ou à les détruire.

Les analyses chimiques pourront un jour éclairer la science et faciliter la classification des pus divers ; quand on réfléchit que les animalcules déjà si peu connus se réunissent quelquefois et produisent des humeurs anormales. La difficulté de cette classification est encore augmentée par le défaut d'observations des maladies qui ont précédé les crises, on s'occupe de la crise, parce quelle frappe les yeux et souvent la maladie qui la précède est restée inaperçue, inobservée.

Lorsque le fluide électrique superflu a quitté la place qu'il occupait dans l'organisme, alors commence la sortie des matières morbides qu'il a formées sur ce point par son action sur les tissus, sur les organes. Mais ces matières ne peuvent sortir que si le cerveau, qui préside à toutes les fonctions, n'est pas malade : il ne faut pas songer à guérir la moindre dartre, sans avoir d'abord chassé la cause de maladie du cerveau. Le traitement des crises doit être précédé de celui du cerveau malade, ce traitement est celui de toutes les névroses, c'est le même par lequel il faut commencer dans le traitement des névralgies.

Les principales crises sont : les ulcères teigneux, les favus, les larmes abondantes, involontaires , les aphtes, les ulcères des paupières, les glaires, les crachats purulents, les vers, les ulcères des intestins , les sueurs, les ulcères scrophuleux, les phlegmons, les furoncles, les pana-

ris ulcérés ou non, les engelures, les dartres, la gale, le charbon, l'érysipèle, la variole, la rougeole, la fièvre miliaire,
la scarlatine, les ulcères vénériens, les fistules, les cancers,
le dévoiement, les flux muqueux, les vomissements, les
flueurs blanches.

———

# CHAPITRE XIX.

## Précautions à prendre pour éviter l'introduction du fluide électrique superflu dans l'organisme.

L'enfant, en naissant, est comme s'il sortait d'un bain chaud ; sa peau, imbibée d'humidité, est disposée à donner facilement introduction au fluide électrique superflu ; il faut se hâter de l'essuyer sans le frotter et de le couvrir. Les vêtements ne doivent ni gêner, ni trop charger l'enfant. Sa tête doit être couverte pour qu'il n'ait pas froid, et cependant elle ne doit pas l'être trop, de peur qu'elle devienne trop chaude ; un bonnet de flanelle, doublé de toile très-fine et sans ourlet, suffit en été ; dans l'hiver, on le recouvre d'un autre bonnet léger.

Chaque fois qu'il faut nettoyer l'enfant, on doit se hâter de le faire, et si l'on opère près du feu de la cheminée ou du poêle, il faut éviter de placer sa tête de ce côté, mais toujours présenter au feu ses extrémités inférieures, en garantissant son visage. Il faut aussi éviter soigneusement de laisser se renverser en bas la tête de l'enfant sur la cuisse de celle qui l'habille ; on doit couvrir son corps de manière à ce que les extrémités inférieures soient plus chaudement que la tête. Il faut encore se tenir pour bien

averti, que, lorsqu'on laisse un enfant mouillé fort longtemps à l'air, on l'expose à des refroidissements humides,
c'est-à-dire que l'on favorise l'introduction du fluide électrique superflu. Heureusement les enfants prennent de la
graisse qui les protége, et la circulation du sang, plus
vive chez eux que chez l'homme qui marche, vient encore
à leur secours ; que de douleurs il peut éprouver, cependant, avant de pouvoir en indiquer la place.

Dans la confection du lit : l'oreiller doit être rempli de
balles d'avoine, la couverture de laine doit être épaisse ou
neuve pour l'hiver, et mince ou moins chaude pour l'été ;
le lit doit être bordé, la couverture ne doit pas être serrée,
autrement l'enfant, trop gêné dans son lit, se découvrirait
la nuit, et s'il était en sueur, il se refroidirait et deviendrait plus ou moins malade ; si la couverture une fois
bordée ne le gêne pas, parce qu'elle lui permet tous les
mouvements, il ne cherchera pas, en dormant, à s'en débarrasser.

L'époque de la dentition ne tarde pas à arriver, car elle
n'attend pas qu'une dent paraisse, alors elle a déjà commencé ; ce travail est une irritation importante qui attire
plus ou moins le fluide électrique vers la tête, il peut dans
certains cas agir sur les dents elles-mêmes qui seront
gâtées avant d'être dehors. Les douleurs que sa présence
occasionnera seront senties par le cerveau et la métastase
s'établira bientôt des dents à la pulpe cérébrale, et vice
versa. Jusqu'à l'âge de sept à huit ans, les enfants
sont exposés à cette irritation qu'il faut combattre afin
d'en éviter les conséquences ; c'est pour arriver à ce but,
qu'on doit tenir les pieds plus chauds que la tête, autrement les fonctions resteront en retard. Les habits, les
vêtements de jour doivent être sagements confectionnés
d'après ce principe. Cependant, contrairement à ce principe, on voit tous les jours dans les lieux publics des enfants qui sont habillés en sens inverse : la tête très-cou-

verte le haut du corps serré et les jambes nues. On ne doit attendre de cette mode que le contraire de ce qu'on désire ; car ces enfants sont exposés à être pénétrés par le fluide électrique, qui se portera dans les parties les plus chaudes de leur corps, et naturellement ce sera à la tête, à la poitrine ou à l'estomac. On peut objecter que beaucoup d'individus ont cette mise, sans que pour cela ils en soient plus souffrants que d'autres ; mais ce qui ne peut nuire à ceux qui toujours vont nu pieds ou nu jambes, parce que la peau chez eux est devenue plus serrée, plus imperméable, ne cesse d'être souvent dangereux pour ceux qui, adoptant cette mode pour quelque temps seulement, la quittent et la reprennent ; la peau alors se trouvant prise au dépourvu par le fluide électrique s'introduit dans l'organisme, et les personnes qui commettent ces imprudences ne se doutent pas qu'elles ont dans la substance médullaire du cerveau la cause d'une maladie qu'elles ne sentent pas.

A peine le temps de la dentition est-il écoulé, que l'enfant commence ses études : le travail du cerveau a déjà pris de l'extension et produit de la fatigue ; de huit à douze ans il fait des efforts de plus, et l'on maintient quelquefois, par trop de travail, une irritation cérébrale que la dentition a commencée ; si le fluide morbifique, attiré par cette irritation, se porte au cerveau, ce sera sur les organes de la section de l'intelligence qu'il se fixera ; alors, l'enfant ne pourra plus apprendre, on le punira quoiqu'il n'y ait pas de sa faute, les peines morales commenceront à s'ajouter aux autres causes d'irritation et à échauffer le cerveau sans aucun sentiment douloureux ; à la pension, comme chez ses parents, il n'entendra que des reproches, parce qu'on ignore la cause qui l'empêche d'avancer et parce qu'on ne sait pas l'en débarrasser, on s'en tient à ce que l'on voit ; l'enfant boit bien, mange bien, joue bien et dort, donc il n'est pas malade. Mais, dans la récréation :

souvent au soleil, les pieds dans l'humidité, recevant la pluie en promenade, s'échauffant jusqu'à la sueur, se refroidissant dans la classe, exposé aux courants d'air, enfin placé mille fois dans la journée sous des influences qui donnent introduction à la cause morbifique si peu connue ou si mal comprise, si quelque chose doit étonner, c'est que ces malheureux enfants ne meurent pas en plus grand nombre. Heureusement, la cause morbifique s'en va par la sueur qui répare quelquefois le mal. Mais si la cause morbifique est dans le cerveau, la sueur ne se présente pas toujours, parce que, dans l'affection nerveuse, la circulation va plus lentement, la maladie fait des progrès sans qu'on s'en aperçoive, et lorsque l'enfant prend le lit il est souvent déjà malade mortellement.

L'âge de douze ans est celui du développement et de l'ossification ; le fluide morbifique se porte sur les organes de cette fonction et sur la fonction elle-même, c'est-à-dire au cervelet et aux vertèbres ; l'enfant ne sent rien au cervelet, néanmoins il éprouve de la gêne dans la région du rachis, le pouls indique le siége du fluide morbifique : si le pouls est faible, le fluide est dans la pulpe cérébrale ; si le pouls est martelant, le fluide est dans la pulpe des nerfs du canal vertébral. A cette époque, si l'on s'aperçoit que l'enfant aime à rester seul, qu'il soit quelquefois trop gai, le plus ordinairement triste à l'excès, souvent sombre et maigre, il faut éloigner de lui les camarades dangereux par leurs mauvais conseils, les mauvais livres, les gravures obscènes, les nudités, etc., parce que le travail de la puberté commence. Ce travail opère quelquefois une dérivation heureuse pour l'organe de l'intelligence ; mais s'il se fait sous les influences déplorables des mauvaises habitudes, malheureusement trop répandues, l'ossification en souffrira, l'enfant restera petit, maigre, rachitique.

De quinze à dix-sept ans, le jeune homme avance dans ses études ; s'il est en bonne santé, il trouve du plaisir dans son travail, un encouragement dans son avancement, il recherche les premières places ; mais que des malades du cerveau viennent après lui, à la suite, ne pouvant s'avancer comme lui sans qu'on sache pourquoi, les maîtres, les parents qui s'en aperçoivent en cherchent la cause dans ce qui fait l'objet de leurs préoccupations ; car les uns sont passionnés, les autres ont une monomanie ou, si l'on veut, un caractère particulier, ce qui se connaît à leurs paroles, à leurs actions, à leurs habitudes qu'il faut surveiller et étudier soigneusement pour découvrir le siége de la cause morbifique chez eux. On ne croit pas à une cause morbifique qui produit des effets dont les symptômes sont si peu remarquables et on ne les regarde pas comme ceux d'une maladie ; on considère ces effets comme les causes elles-mêmes, auxquelles on attribue le peu d'avancement et le dégoût pour la science qu'on trouve dans les élèves ; on les punit comme s'ils étaient coupables, comme si leurs monomanies existaient chez eux par leur faute. Commbien encore sont accusés de paresse, parce qu'ils sont atteints par un premier degré de paralysie.

Enfin l'élève sort du collége, il se choisit une situation dans le monde ; on ne s'occupe pas si son cerveau est sain ou s'il est malade, on le laisse choisir, et quand ce choix, qui paraît rationnel, est fait, on le met dans une maison qui souvent jouit, sous le masque, d'une réputation usurpée. Le jeune homme s'y trouve placé au milieu des jeunes gens comme lui, déja plus avancés, qui se chargent de lui faire connaître ce qu'il pourrait avoir le bonheur d'ignorer encore ; alors commence pour lui une série de malheurs, s'il se laisse entraîner, parce que, dans ce cas là, il n'est plus son maître. Il arrive à l'époque de la maturité, elle devient pour lui celle des passions, comme on dit, parce qu'à l'époque de la puberté la cause morbifique a son siége sur le système entier de la reproduction, par

conséquent sur les nerfs et sur les organes destinés à cette
fonction ; il peut devenir passionné ou monomane ; il choisit ses amis parmi ceux chez lesquels il trouve l'approba-
tion, de la sympathie ; il voit les mauvaises compagnies,
il écoute les mauvais conseils, il lit les mauvais livres, et
bientôt sa démence ne tarde pas à porter des fruits.

Que faut-il faire pour éviter tous ces malheurs attachés
à la jeunesse, malheurs si communs de nos jours, si effrayants, si menaçants ? Ce qu'il faut faire ? nous l'avons
déja dit en partie dans les chapitres précédents ; ce peu
de chose est à la portée de tout le monde : il s'agit de s'assurer tous les jours de la santé du cerveau de son enfant ; il suffit pour se rendre compte de la santé de la pulpe
cérébrale en particulier, de savoir distinguer par le tact
les mouvements du pouls : s'il est faible, le cerveau est
malade ; il faut faire usage d'un traitement ou mieux encore voir UN MÉDECIN CAPABLE comme si l'enfant avait
une douleur ou un dérangement dans ses fonctions ; le
médecin, appelé alors en temps utile, saura toujours dé-
tourner le mal. C'est par cette petite attention que l'enfant se trouve toujours bien disposé à profiter des bons
conseils de sa mère, de son père et de ses maîtres ; il fait
des progrès faciles dans ses études, fuyant par goût les
mauvais conseils et les mauvaises compagnies pour ne
fréquenter que des personnes dont la tête est saine comme
la sienne ; il travaille avec calme et avec profit, parce
qu'il y a dans son cerveau de l'ordre et tout ce qu'il faut
pour réussir.

Il faut, comme on le voit, peu de chose pour comprendre la présence de l'ennemi, il faut également peu de chose
pour la chasser lorsque la maladie est nouvelle. En regardant comme un devoir de léger soin, les pères, les mères
et les maîtres auront des enfants qu'ils chériront et don-
neront ainsi à la société et à l'Etat des hommes moraux
et de bon sens.

Lorsqu'on sait comment on devient malade, on observe les précautions hygiéniques pour ne pas le devenir. Malgré les soins qu'on prend et l'hygiène qu'on voudrait suivre, on se trouve, à chaque instant dans la journée, exposé aux influences qui rendent malade : ces influences se trouvent dans la mauvaise disposition de nos maisons, de nos appartements, de nos vêtements, dans nos habitudes, dans les obligations reçues de par le monde civilisé au milieu duquel nous vivons ; de sorte qu'on a toujours en soi la cause morbifique, forte ou faible, sentie ou non sentie, disparaissant de temps à autre, par addition à son intensité, parce qu'elle peut se porter sur des points insensibles, se dissipant par l'exercice, par la sueur, pour revenir sur d'autres points, sous de nouvelles influences. On se guérit par hasard, on redevient malade sans savoir pourquoi ; on n'appelle le médecin que quand la souffrance est intolérable, ou que le mal force le malade à se mettre au lit. Enfin on se guérit souvent par des imprudences qu'on a commises ; on devient malade par des soins mal entendus.

Le fluide électrique superflu se portant toujours sur le point le plus chaud du corps, il tend à sortir de l'organisme pour rentrer dans l'air ; si la température de l'air est au dessus de celle du corps et que le malade ne cherche pas comme toujours les refroidissants humides et les courants d'air, il souffrira de la chaleur, il est vrai, mais il perdra le fluide électrique superflu, c'est-à-dire qu'il se guérira.

L'exercice à pied en augmentant le mouvement du sang, facilite la moiteur de la peau et la sortie du fluide superflu que cette vapeur enlève ; les pieds s'échauffent plus que le reste du corps, et la cause morbifique est attirée en bas ; dans le chemin qu'elle parcourt, elle perd de son intensité par la sueur. On comprend qu'après s'être échauffé à la marche, il ne faut pas que l'on se refroidisse en s'ar-

rêtant ou en rentrant, car il aurait mieux valu ne pas
employer l'exercice à pied , puisqu'on devient plus ou
moins malade lorsqu'on sent la sueur se refroidir ; dans
ce cas il faut reprendre l'exercice à pied plusieurs jours
de suite. Il est bien entendu que puisqu'on veut appeler
le fluide superflu vers-la plante des pieds qu'on échauffe
par la marche, il ne faut pas que la promenade se fasse au
soleil, ou bien on doit s'en garantir tout en marchant.

On doit toujours éviter l'humidité aux pieds, surtout si
après la marche on se trouve obligé de poser ses pieds sur
la pierre froide. On doit en rentrant autant que possible
se mette au sec, ne pas se presser de se rafraîchir en se
découvrant, en ouvrant les fenêtres ou autrement ; mieux
vaut se couvrir, afin de se refroidir le plus lentement possible.

Après la promenade, si las qu'on soit, on devra revenir
chez soi à pied, plutôt que de s'exposer, étant en sueur, à
recevoir un courant d'air en se plaçant dans une voiture
publique, dans laquelle les dispositions des ouvertures et
des persiennes sont telles qu'on ne peut l'éviter facilement.

Le fluide électrique superflu sort du végétal dans la vapeur que le soleil attire à sa cime , après s'être introduit
par ses racines au moyen de l'eau de pluie chargée encore des sucs de la terre. L'homme , exposé aux intempéries des saisons comme un arbre , mourrait bientôt, si
le mouvement et l'exercice ne rétablissaient l'équilibre en
lui faisant rendre à l'air, par la vapeur du sang , par la
sueur, le fluide électrique superflu introduit chez lui par
l'air, sa peau étant humide. Le calorique attirant le fluide
électrique , l'homme ne peut rester au soleil comme un
végétal, parce que le fluide électrique, attiré par le calorique, se porterait à son cerveau.

Cependant l'homme malade du cerveau , ayant la tête
mouillée d'eau ou de sueur , se guérit ou se soulage en

ôtant son chapeau, parce que le soleil faisant entrer en
vapeur l'humidité qui couvre sa tête, cette vapeur en enlève ou en diminue le fluide électrique superflu ; ce qui
explique pourquoi les fous s'exposent instinctivement la
tête nue au soleil ardent ; il ne manque alors que de l'humidité sur la tête pour calmer chez eux le paroxysme.

Les bains de vapeur sont avantageux pour déterminer
une sueur abondante ; mais il faut, pour éviter le refroidissement humide, en sortant d'un bain de vapeur, entrer immédiatement dans une étuve plus chaude que le
corps, afin de dessécher la peau sans refroidissement.

Les meilleurs bains de vapeur sont ceux que la nature
nous offre en été. Lorsqu'on transpire abondamment sous
la couverture de laine, la température étant chaude et l'air
calme, il faudrait savoir en profiter ; mais, loin de là, la
plupart des hommes se plaignent de la chaleur pendant
l'été, et dans l'hiver ils se plaignent du froid, comme si
ces deux saisons n'étaient pas faites pour leur santé !

Les bains froids simples en général, refroidissent le
corps de la circonférence au centre ; le centre étant plus
chaud relativement au reste du corps, il y a dans certains
cas introduction du fluide électrique de l'air et de l'eau,
ou déplacement du fluide électrique superflu existant dans
l'organisme, par refroidissement, d'autant plus qu'il a été
fort et rapide, comme lorsqu'on entre dans un bain froid
étant en sueur ; mais si en sortant du bain on est fric-
tionné, ce qui devrait toujours se faire, pour appeler le
fluide électrique superflu à la peau, celle-ci devenant
rouge par la friction, le fluide superflu est à sa surface, et
par sa propriété de volatiliser les liquides, il produit une
sueur abondante qu'il faut bien entretenir et qui met dehors
le fluide électrique superflu et le réduit dans l'organisme
aux proportions nécessaires à la santé.

Lorsque la température est assez chaude pour permettre
les bains en rivière, on ne court pas de risques en sortant

de l'eau, si l'air est plus chaud que le corps ; mais si le vent est fort, du nord, de l'est ou du nord-est, on aura eu tort de prendre le bain, car on court le risque de devenir plus ou moins malade, selon l'intensité du fluide électrique que l'air aura introduit dans l'organisme.

Les influences qui rendent malades comme la pluie froide, le courant d'air humide et surtout le vent étant froid, fort et du nord, de l'est ou du nord-est, le refroidissement du corps couvert de sueur ou d'humidité, les douches froides, les bains froids, l'augmentation du fluide électrique par l'usage des machines de physique, le corps étant humide, en donnant introduction dans l'organisme à la cause morbifique, en ajoutant par conséquent à celle qui s'y trouve déjà, ces influences, disons-nous, ont pour effet de déplacer le fluide augmenté ; il en résulte toutes ces guérisons prétendues telles, et celles qui se font par hasard ou par imprudence. Ces moyens de métastase sont dangereux, si la métastase n'est pas dirigée, les intermittences sont suivies de récidives plus fortes, plus douloureuses, et souvent plus graves.

Nous ferons connaître incessamment, par une nouvelle publication, les moyens les plus efficaces, composant le traitement des névroses et des névralgies, produites par l'action locale ou métastatique du fluide électrique superflu dans l'organisme.

FIN.

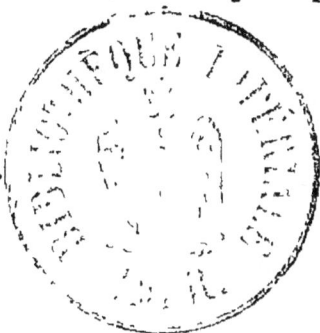

# TABLE DES MATIÈRES.

Toulouse, imprimerie Caillol et Baylac, rue de la Pomme, 34.

# TRAITEMENTS

## DES

# AFFECTIONS NERVEUSES

### SIMPLES OU COMPOSÉES

PAR

## Ferdinand ROUGET

Un volume in-12

Prix : 5 francs

———————

On souscrit en envoyant un mandat-poste , affranchi , chez l'auteur, rue des Jardins , 12 , Toulouse ( Haute-Garonne).

# TRAITÉ PRATIQUE

DE

# MAGNÉTISME HUMAIN

Résumé de tous les principes et procédés du magnétisme pour
rétablir et développer les fonctions physiques et les facultés
intellectuelles dans l'état de maladie récent ou chronique

PAR

## Ferdinand ROUGET

DEUXIÈME ÉDITION

*Revue, corrigée et considérablement augmentée.*

Un volume in-12. — Prix : 5 fr.

————

On souscrit en envoyant un mandat-poste, affranchi,
chez l'auteur, rue des Jardins, 12, à Toulouse (Haute-
Garonne).

www.ingramcontent.com/pod-product-compliance
Lightning Source LLC
Chambersburg PA
CBHW071854200326
41519CB00016B/4373